招投标与预决算丛书

电气工程
招投标与预决算

DIANQI GONGCHENG
ZHAOTOUBIAO YU YUJUESUAN

2 第二版
EDITION

刘佳力 主编

U0288543

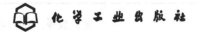

化学工业出版社

·北京·

《电气工程招投标与预决算》（第二版）是"招投标与预决算丛书"中的一本。

全书共分七章：电气工程造价概述、定额计价、工程量清单计价、工程量计算规则、施工图预算编制、竣工结算与竣工决算、施工招标与投标及合同管理。以最新规范和标准为基本依据，采用要点、解释、相关知识等"笔记式"的编写方式，简单、直接，并重点突出了工程量计算案例和施工图预算实例，便于读者自学并抓住重点、理清知识脉络。

本书内容深浅适宜，理论与实例结合，涉及内容广泛、编写体例新颖、方便查阅、可操作性强，适合电气安装工程招投标编制、工程预算、工程造价及项目管理人员参考使用，也可供相关专业的大专院校师生参考阅读。

图书在版编目（CIP）数据

电气工程招投标与预决算/刘佳力主编．—2版．
北京：化学工业出版社，2015.10（2023.1重印）
（招投标与预决算丛书）
ISBN 978-7-122-25085-8

Ⅰ.①电…　Ⅱ.①刘…　Ⅲ.①房屋建筑设备-电气设备-建筑安装工程-招标②房屋建筑设备-电气设备-建筑安装工程-投标③房屋建筑设备-电气设备-建筑安装工程-建筑预算定额④房屋建筑设备-电气设备-建筑安装工程-建筑概算定额　Ⅳ.①TU723

中国版本图书馆CIP数据核字（2015）第207291号

责任编辑：袁海燕　　　　　　　　　　装帧设计：王晓宇
责任校对：王素芹

出版发行：化学工业出版社（北京市东城区青年湖南街13号　邮政编码100011）
印　　装：北京科印技术咨询服务有限公司数码印刷分部
787mm×1092mm　1/16　印张13½　字数301千字　2023年1月北京第2版第4次印刷

购书咨询：010-64518888　　　　　　售后服务：010-64518899
网　　址：http://www.cip.com.cn
凡购买本书，如有缺损质量问题，本社销售中心负责调换。

定　　价：45.00元　　　　　　　　　　　　　　　　版权所有　违者必究

《电气工程招投标与预决算》

编写人员

主　编　刘佳力

参编人员 （按姓名笔画排序）

马小满　王　开　王　安　白　莹

白雅君　朱喜来　刘佳力　季贵斌

郑勇强　赵莹华　谭立新

第二版前言
Foreword

为了规范建设市场秩序、提高投资效益，做好工程造价工作，住房与城乡建设部于2013年颁布实施《建设工程工程量清单计价规范》（GB 50500—2013）、《通用安装工程工程量计算规范》（GB 50856—2013）、建设工程施工合同（示范文本）（GF-2013-0201）、中华人民共和国标准设计施工总承包招标文件（2012年版）、中华人民共和国简明标准施工招标文件（2012年版）等最新标准规范文件，同时《中华人民共和国招标投标法》、《中华人民共和国合同法》也进行了更新和修订，这些给广大工程造价人员带来了极大的挑战。

再者，第一版的很多知识对于现在的工程造价人员来说，已经过时，适用性不强。尤其是清单计价规范及招投标相关规范的更新，因此，非常有必要进行第二版修订。本书第二版更注重将最新的标准规范与现有的工程造价知识及招投标知识相结合，更符合当前的市场经济发展趋势，也更有利于工程造价人员学习参考使用。

《电气工程招投标与预决算》（第二版）内容深浅适宜，理论与实例结合，涉及内容广泛、编写体例新颖、方便查阅、可操作性强。主要内容包括：电气工程造价概述、电气工程定额计价、电气工程工程量清单计价、电气工程工程量计算规则、电气工程施工图预算的编制、电气工程竣工结算与竣工决算、电气工程施工招标与投标、电气工程施工合同管理。

本书适合电气工程招投标编制、工程预算、工程造价及项目管理工作人员参考使用，也可供相关专业的大专院校师生参考阅读。

由于编者的经验和学识有限，书中内容难免有疏漏或未尽之处，敬请广大读者批评指正。

编　者

2015年7月

目 录
Contents

第1章
电气工程造价概述

第1节　工程造价的基本概念

∽ 要 点 ∽

工程造价指的是进行一个工程项目的建造所需要花费的全部费用，即从工程项目确定建设意向直至建成、竣工验收为止的整个建设期间所支出费用的总和，这是保证工程项目建造正常进行的必要资金，是建设项目投资中最主要的部分。本节主要介绍工程造价的组成、分类、特点、作用与职能。

∽ 解 释 ∽

一、工程造价的组成

工程造价主要由工程费用和工程其他费用组成。

（1）工程费用　工程费用包括建筑工程费用、安装工程费用和设备及工器具购置费用。

① 建筑工程费用　主要包含各类房屋建筑工程的供水、供暖、卫生、通风、燃气等设备费用及其装设、油饰工程的费用；列入工程预算的各种管道、电力、电信和电缆导线敷设工程的费用；设备基础、支柱、工作台、烟囱、水塔、水池等建筑工程以及各种炉窑的砌筑工程和金属结构工程的费用；为施工而进行的场地平整、地质勘探，原有建筑物和障碍物的拆除以及工程完工后的场地清理，环境美化等工作的费用；矿井开凿、井巷延伸，露天矿剥离，修建铁路、公路、桥梁、水库及防洪等工程的费用等。

② 安装工程费用　主要有生产、动力、起重、运输、传动和医疗、实验等各种需要安装的机械设备的装配费用；与设备相连的工作台、梯子、栏杆等设施的工程费用；附属于被安装设备的管线敷设工程费用；单台设备单机试运转、系统设备进行系统联动

无负荷试运转工作的测试费等。

③ 设备及工器具购置费用　设备、工器具购置费用指的是建设项目设计范围内的需要安装及不需要安装的设备、仪器、仪表等及其必要的备品备件购置费；为保证投产初期正常生产所必需的仪器仪表、工卡量具、模具、器具及生产家具等的购置费。

（2）工程其他费用　指未纳入以上工程费用的、由项目投资支付的、为保证工程建设顺利完成和交付使用后能够正常发挥效用而必须开支的费用。其中包括建设单位管理费、研究试验费、土地使用费、勘察设计费、生产准备费、供配电贴费、引进技术和进口设备其他费、施工机构迁移费、联合试运转费、预备费、财务费用以及涉及固定资产投资的其他税费等。

二、工程造价的分类

1. 按用途分类

电气工程造价按用途分类，包括标底价格、投标价格、中标价格、直接发包价格、合同价格和竣工结算价格。

（1）标底价格　指的是招标人的期望价格而不是交易价格。招标人以此作为衡量投标人投标价格的一个尺度，也是招标人的一种控制投资的手段。

招标人设置标底价目的有两个：一是在坚持最低价中标时，标底价可作为招标人自己掌握的招标底数，起参考作用，而不作评标的依据；二是为避免因标价太低而损害质量，使靠近标底的报价评为最高分，高于或低于标底的报价均递减评分，则标底价可作为评标的依据，使招标人的期望价成为价格控制的手段之一。根据哪种目的设置标底，需在招标文件中做出交代。

编制标底价可由招标人自行操作，也可以由招标人委托招标代理机构操作，由招标人作出决策。

（2）投标价格　投标人为了得到工程施工承包的资格，按照招标人在招标文件中的要求进行估价，然后根据投标策略确定投标价格，以争取中标并通过工程实施取得经济效益。因此投标报价是卖方的要价，如果中标，这个价格就是合同谈判和签订合同确定工程价格的基础。

如果设有标底，投标报价时要研究招标文件中评标时如何使用标底：①以靠近标底者得分最高，这时报价就无需追求最低报价；②标底价只作为招标人的期望，但仍要求低价中标，这时，投标人就要努力采取措施，既使标价最具竞争力（最低价），又使报价不低于成本，即能获得理想的利润。由于"既能中标，又能获利"是投标报价的原则，故投标人的报价必须有雄厚的技术和管理实力做后盾，编制出有竞争力、又能盈利的投标报价。

（3）中标价格　《中华人民共和国招标投标法》第四十条规定："评标委员会应当按照招标文件确定的评标标准和方法，对投标文件进行评审和比较；设有标底的，应当参考标底"。所以评标的依据一是招标文件，二是标底（如果设有标底时）。

《中华人民共和国招标投标法》第四十一条规定，中标人的投标应符合下列两个条件之一：一是"能最大限度地满足招标文件中规定的各项综合评价标准"；二是"能够满足招标文件的实质性要求，并且经评审的投标价格最低，但是投标价低于成本的除外"。这第二项条件主要说的是投标报价。

（4）直接发包价格　是由发包人直接与指定的承包人接触，并通过谈判达成协议签订施工合同，而不需要像招标承包定价方式那样，通过竞争定价。直接发包方式计价只适用于不宜进行招标的工程，保密技术工程，如军事工程、专利技术工程及发包人认为不宜招标而又不违反《招标投标法》第三条（招标范围）规定的其他工程。

直接发包方式计价首先提出协商价格意见的可能是发包人或其委托的中介机构，也可能是承包人提出价格意见交发包人或其委托的中介组织进行审核。无论由哪一方提出协商价格意见，都要通过谈判协商，签订承包合同，确定合同价。

直接发包价格是以审定的施工图预算为基础，由发包人与承包人商定增减价的方式定价。

（5）合同价格　《建设工程施工发包与承包计价管理办法》（以下简称《办法》）第十二条规定："合同价款的有关事项由发承包双方约定，一般包括合同价款约定方式，预付工程款、工程进度款、工程竣工价款的支付和结算方式，以及合同价款的调整情形等。"《办法》第十三条规定："发承包双方在确定合同价款时，应当考虑市场环境和生产要素价格变化对合同价款的影响。实行工程量清单计价的建筑工程，鼓励发承包双方采用单价方式确定合同价款。建设规模较小、技术难度较低、工期较短的建筑工程，发承包双方可以采用总价方式确定合同价款。紧急抢险、救灾以及施工技术特别复杂的建筑工程，发承包双方可以采用成本加酬金方式确定合同价款。"现分述如下。

① 固定合同价　合同中确定的工程合同价在实施期间不因价格变化而调整。固定合同价可分为固定合同总价和固定合同单价两种。

a. 固定合同总价。它是指承包整个工程的合同价款总额已经确定，在工程实施中不再因物价上涨而变化，所以，固定合同总价应考虑价格风险因素，也需在合同中明确规定合同总价包括的范围。这类合同价可以使发包人对工程总开支做到大体心中有数，在施工过程中可以更有效地控制资金的使用。但对承包人来说，要承担较大的风险，如物价波动、气候条件恶劣、地质地基条件及其他意外困难等，因此合同价款一般会高些。

b. 固定合同单价。它是指合同中确定的各项单价在工程实施期间不因价格变化而调整，而在每月（或每阶段）工程结算时，根据实际完成的工程量结算，在工程全部完成时以竣工图的工程量最终结算工程总价款。

② 可调合同价

a. 可调总价。它是指合同中确定的工程合同总价在实施期间可随价格变化而调整。发包人和承包人在商订合同时，以招标文件的要求及当时的物价计算出合同总价。如果在执行合同期间，由于通货膨胀引起成本增加达到某一限度时，合同总价则作相应调整。可调合同价使发包人承担了通货膨胀的风险，承包人则承担其他风险。一般适合于工期较长（如一年以上）的项目。

b. 可调单价。合同单价可调，一般是在工程招标文件中规定。在合同中签订的单价，根据合同约定的条款，如在工程实施过程中物价发生变化等，可作调整。有的工程在招标或签约时，因某些不确定性因素而在合同中暂定某些分部分项工程的单价，在工程结算时，再根据实际情况和合同约定对合同单价进行调整，确定实际结算单价。

关于可调价格的调整方法，常用的有以下几种。

第一，按主材计算价差。发包人在招标文件中列出需要调整价差的主要材料表及其基期价格（一般采用当时当地工程造价管理机构公布的信息价或结算价），工程竣工结算时按竣工当时当地工程造价管理机构公布的材料信息价或结算价，与招标文件中列出的基期价比较计算材料差价。

第二，主料按抽料法计算价差。其他材料按系数计算价差。主要材料按施工图预算计算的用量和竣工当月当地工程造价管理机构公布的材料结算价或信息价与基价对比计算差价。其他材料按当地工程造价管理机构公布的竣工调价系数计算方法计算差价。

第三，按工程造价管理机构公布的竣工调价系数及调价计算方法计算差价。

此外，还有调值公式法和实际价格结算法。

以上几种方法究竟采用哪一种，应按工程价格管理机构的规定，经双方协商后在合同的专用条款中约定。

③ 成本加酬金确定的合同价　合同中确定的工程合同价，其工程成本部分按现行计价依据计算，酬金部分则按工程成本乘以通过竞争确定的费率计算，将两者相加，则可确定出合同价。一般分为以下几种形式。

a. 成本加固定百分比酬金确定的合同价。这种合同价是指发包人对承包人支付的人工、材料和施工机械使用费、措施费、施工管理费等按实际直接成本全部据实补偿，同时按照实际直接成本的固定百分比付给承包人一笔酬金，作为承包方的利润。

b. 成本加固定酬金确定的合同价。工程成本实报实销，但酬金是事先商定的一个固定数目。这种承包方式虽然不能鼓励承包商关心降低成本；但从尽快取得酬金这一角度出发，承包商将会关心缩短工期，这是其可取之处。为了鼓励承包单位更好地工作，也有在固定酬金之外，再根据工程质量、工期和降低成本情况另加奖金的。在这种情况下，奖金所占比例的上限可大于固定酬金，以充分发挥奖励的积极作用。

c. 成本加浮动酬金确定的合同价。这种承包方式要事先商定工程成本和酬金的预期水平。如果实际成本恰好等于预期水平，工程造价就是成本加固定酬金；如果实际成本低于预期水平，则增加酬金；如果实际成本高于预期水平，则减少酬金。

采用这种承包方式，通常规定，当实际成本超支而减少酬金时，以原定的固定酬金数额为减少的最高限度。也就是在最坏的情况下，承包人将得不到任何酬金，但不必承担赔偿超支的责任。

从理论上讲，这种承包方式对承发包双方都没有太多风险，又能促使承包商关心降低成本和缩短工期；但在实践中准确地估算预期成本比较困难，所以要求当事双方具有丰富的经验并掌握充分的信息。

d. 目标成本加奖罚确定的合同价。在仅有初步设计和工程说明书即迫切要求开工的情况下，可根据粗略估算的工程量和适当的单价表编制概算，作为目标成本；随着详细设计逐步具体化，工程量和目标成本可加以调整，另外规定一个百分数作为酬金；最后结算时，如果实际成本高于目标成本并超过事先商定的界限（例如 5%），则减少酬金，如果实际成本低于目标成本（也有一个幅度界限），则需多付酬金。此外，还可另加工期奖罚。

这种承包方式可以促使承包商关心降低成本和缩短工期，而且目标成本是随设计的进展而加以调整才确定下来的，故建设单位和承包商双方都不会承担太大风险，这是其可取之处。当然也要求承包商和建设单位的代表都需具有比较丰富的经验和充分的信息。

在工程实践中，采用哪一种合同计价方式，是选用总价合同、单价合同还是成本加酬金合同，采用固定价还是可调价方式，应根据工程的特点，业主对筹建工作的设想，对工程费用、工期和质量的要求等，综合考虑后进行确定。

2. 按计价方法分类

建筑安装工程造价按计价方法可分为投资估算造价、设计概算造价、施工图预算造价、竣工结（决）算造价等。

三、工程造价的特点

（1）大额性 能够发挥投资效用的任一项工程，不仅实物形体庞大，而且造价也十分昂贵。动辄数百万、数千万、数亿人民币，特大型工程项目的造价可达百亿、千亿元人民币。工程造价的大额性使其涉及有关各方面的重大经济利益，同时也会对宏观经济产生重大影响。这就决定了工程造价的特殊地位，也说明了造价管理的重要意义。

（2）个别性、差异性 任何一项工程都有特定的用途、功能、规模，因此对每一项工程的结构、造型、空间分割、设备配置和内外装饰都有具体的要求，因而使工程内容和实物形态都具有个别性、差异性，产品的差异性决定了工程造价的个别性差异。同时，由于每项工程所处地区、地段都不相同，更使这一特点得到强化。

（3）动态性 任何一项工程从决策到竣工交付使用，都会经过一个较长的建设期间，而且由于诸多不可控因素的影响，在预计工期内如工程变更，设备材料价格，工资标准以及费率、利率、汇率等变化必然会影响到造价的变动。所以，工程造价在整个建设期中处于不确定状态，直至竣工决算后才能最终确定工程的实际造价。

（4）层次性 造价的层次性取决于工程的层次性。一个建设项目往往含有多个能够独立发挥设计效能的单项工程（车间、写字楼、住宅楼等）。一个单项工程又是由能够各自发挥专业效能的多个单位工程（土建工程、通风空调工程等）组成。与此相适应，工程造价有三个层次：建设项目总造价、单项工程造价和单位工程造价。如果专业分工更细，单位工程（如土建工程）的组成部分——分部分项工程也可以成为交换对象，如大型土方工程、基础工程、装饰工程等，这样工程造价的层次就增加分部工程和分项工程而成为五个层次。即使从造价的计算和工程管理的角度看，工程造价的层次性也是非常突出的。

（5）兼容性 工程造价的兼容性首先表现在它具有两种含义，其次表现在工程造价构成因素的广泛性和复杂性。在工程造价中，成本因素非常复杂。其中为获得建设工程用地支出的费用、项目可行性研究和规划设计费用、与政府一定时期政策（特别是产业政策和税收政策）相关的费用占有相当的份额。再次，盈利的构成也较为复杂，资金成本较大。

四、工程造价的作用

造价决定着项目的一次投资费用。投资者是否有足够的财务能力支付这笔费用，是否认为值得支付这项费用，是项目决策中要考虑的主要问题。财务能力是一个独立的投资主体必须首先解决的问题。

（1）工程造价是项目决策的依据　建设工程投资大、生产和使用周期长等特点决定了项目决策的重要性。工程造价决定着项目的一次投资费用。投资者是否有足够的财务能力支付这笔费用，是否认为值得支付这项费用，是项目决策中要考虑的主要问题。财务能力是一个独立投资主体必须首先解决的问题。如果建设工程的价格超过投资者的支付能力，就会迫使他放弃拟建的项目；如果项目投资的效果达不到预期目标，他也会自动放弃拟建的工程。因此，在项目决策阶段，建设工程造价就成为项目财务分析和经济评价的重要依据。

（2）工程造价是制定投资计划和控制投资的依据　工程造价在控制投资方面的作用非常明显。工程造价是通过多次性预估，最终通过竣工决算确定下来的。每一次预估的过程就是对造价的控制过程；而每一次估算对下一次估算又都是对造价严格的控制，也就是说每一次估算都不能超过前一次估算的一定幅度。这种控制是在投资者财务能力的限度内为取得既定的投资效益所必需的。建设工程造价对投资的控制也表现在利用制定各类定额、标准和参数，对建设工程造价的计算依据进行控制。在市场经济利益风险机制的作用下，造价对投资控制的作用成为投资的内部约束机制。

（3）工程造价是筹集建设资金的依据　投资体制的改革和市场经济的建立，要求项目的投资者必须有很强的筹资能力，以保证工程建设有充足的资金供应。工程造价基本决定了建设资金的需求量，从而为筹集资金提供了比较准确的依据。当建设资金来源于金融机构的贷款时，金融机构在对项目的偿贷能力进行评估的基础上，也需要依据工程造价来确定给予投资者的贷款数额。

（4）工程造价是评价投资效果的重要指标　工程造价是一个包含着多层次工程造价的体系，就一个工程项目而言，它既是建设项目的总造价，又包含单项工程的造价和单位工程的造价，同时也包含单位生产能力的造价，或一个平方米建筑面积的造价等。所有这些使工程造价自身形成了一个指标体系。它能够为评价投资效果提供出多种评价指标，并能够形成新的价格信息，为今后类似项目的投资提供参照系。

（5）工程造价是合理利益分配和调节产业结构的手段　工程造价的高低，涉及国民经济各部门和企业间的利益分配。在市场经济中，工程造价受供求状况的影响，并在围绕价值的波动中实现对建设规模、产业结构和利益分配的调节。政府正确的宏观调控和价格政策导向，工程造价在这方面的作用会充分发挥出来。

五、工程造价的职能

工程造价的职能除一般商品价格职能以外，还有自己特殊的职能。

（1）预测职能　由于工程造价的大额性和多变性，所以无论是投资者或是承包商都要对拟建工程进行预先测算。投资者预先测算工程造价不仅作为项目决策依据存在，同时也是筹集资金、控制造价的依据。承包商对工程造价的测算，既为投标决策提供依据，也为投标报价和成本管理提供依据。

（2）控制职能　工程造价的控制职能主要表现为两方面：一方面是它对投资的控制，即在投资的各个阶段，根据对造价的多次性预估，对造价进行全过程、多层次的控制；另一方面，是对以承包商为代表的商品和劳务供应企业的成本控制。在价格一定的条件下，企业实际成本开支决定企业的盈利水平。成本越高，盈利越低。成本高于价格，就会对企业造成影响。所以，企业要以工程造价来控制成本，利用工程造价提供的信息资料作为控制成本的依据。

（3）评价职能　工程造价是评价总投资和分项投资合理性和投资效益的主要依据之一。评价土地价格、建筑安装产品和设备价格的合理性时，就必须利用工程造价资料；在评价建设项目偿贷能力、获利能力和宏观效益时也要依据工程造价来评价。工程造价也是评价建筑安装企业管理水平和经营成果的重要依据。

（4）调节职能　工程建设直接关系到经济增长，也直接关系到国家重要资源分配和资金流向，对国计民生都产生重大影响。所以，国家对建设规模、结构进行宏观调节是在任何条件下都不可缺少的，对政府投资项目进行直接调控和管理也是非常必需的。这些都要通过工程造价来对工程建设中的物质消耗水平、建设规模、投资方向等进行调节。

工程造价职能实现的最主要条件是市场竞争机制的形成。在现代市场经济中，要求市场主体要有自身独立的经济利益，并能根据市场信息（特别是价格信息）和利益取向来决定其经济行为。无论是购买者还是出售者，在市场上都处于平等竞争的地位，都不可能单独地影响市场价格，更没有能力单方面决定价格。作为买方的投资者和作为卖方的建筑安装企业，以及其他商品和劳务的提供者，是在市场竞争中根据价格变动，根据自己对市场走向的判断来调节自己的经济活动。也只有在这种条件下，价格才能实现它的基本职能和其他各项职能。因此，建立和完善市场机制，创造平等竞争的环境是十分迫切而重要的任务。具体来说，投资者和建筑安装企业等商品和劳务的提供者首先要使自己真正成为具有独立经济利益的市场主体，能够了解并适应市场信息的变化，能够做出正确的判断和决策。其次，要给建筑安装企业创造出平等竞争的条件，使不同类型、不同所有制、不同规模、不同地区的企业，在同一项工程的投标竞争中处于同样平等的地位。为此，就要规范建筑市场和规范市场主体的经济行为；再次，要建立完善的、灵敏的价格信息系统。

 相关知识

工程造价的起源与发展

1. 国内工程造价的起源与发展

工程造价的起源可以追溯到我国远古时期。早在我国东周中期，被土木工匠尊奉为"祖师"的鲁班，利用他的智慧创造出许多灵巧的工具，使木工工匠的劳动效率成倍提高。同时，鲁班对工料的计算能力也是无与伦比的。据历史记载，他负责建造的某项大

型土木工程，在工程完工后仅剩余一块砖；北宋时期的土木建筑学家李诚所编著的《营造法式》被称为中国古代建筑行业的权威性巨著。《营造法式》共 34 卷，它全面、准确地反映了中国在 11 世纪末到 12 世纪初，整个建筑行业的科学技术水平和管理经验，其中对工程识图、施工工艺与工程量计算规则和工料定额等均有详细说明，汇集了北宋以前建筑造价管理技术的精华，宋徽宗将此书颁行天下，从此国内建筑工程有了统一的标准；清朝时期，清工部《工程做法则例》中亦有许多关于工程量与工程造价计算方法的内容，是一部优秀的工料计算著作。

新中国成立以来，全国面临着大规模的工程兴建工作，为了用好有限的建设资金，合理地确定工程造价，我国建立了概预算定额管理制度，设立了概预算管理部门，建立了概预算工作制度，有效地促进了建设资金的合理安排和节约使用；改革开放以后，中国建设工程造价管理协会成立，为推动工程造价计价方式的改革和发展发挥了巨大作用。近年来，我国建设项目的工程造价管理日趋完善，并逐步向与国际惯例接轨的工程造价管理新模式转变。

2. 国外工程造价管理的发展

19 世纪初，以英国为首的资本主义国家在工程建设中为了有效地控制工程费用的支出、加快工程进度，开始推行项目的招投标制度。这一制度需要工料测量师在设计完成后，开展建设施工前为业主或承包商进行整个工程工作量的测算和工程造价的预算，以便确定标底或投标报价，于是出现了正式的工程预算专业；随着人们对工程造价确定和工程造价控制理论与方法不断深入的研究，一种独立的职业和一门专门的学科——工程造价管理首先在英国诞生了；1868 年，英国皇家测量师学会（RICS）成立，其中最大的一个分会是工料测量师分会，这一工程造价管理专业协会的创立，标志着现代工程造价管理专业的正式诞生，是工程造价及其造价管理发展史上的一次飞跃；到了 20 世纪 80 年代末和 90 年代初，人们对工程造价管理理论与实践的研究进入了综合与集成的阶段。各国纷纷在改进现有工程造价确定与控制理论和方法的基础上，借助其他管理领域在理论与方法上最新的发展，开始对工程造价管理进行更为深入而全面的研究。在这一时期，以英国工程造价管理学界为主，提出了"全生命周期造价管理"（life cycle costing，LCC）工程项目投资与造价管理的理论与方法；以美国工程造价管理学界为主则提出了"全面造价管理"（total cost management，TCM）这一涉及工程项目战略资产管理、工程造价管理的概念和理论。从此，国际上的工程造价管理研究与实践进入了一个全新的阶段。

第 2 节　工程造价的费用构成

要　点

电气工程费用主要由建筑安装工程费，设备及工器具购置费，工程建设其他费用及预备费用等组成。本节主要介绍电气工程费用的构成与计算。

解　释

一、建筑安装工程费

我国现行建筑安装工程造价的构成，按建设部、财政部共同颁发的建标［2013］44号文件规定如下。

1. 建筑安装工程费用项目组成（按费用构成要素划分）

建筑安装工程费按照费用构成要素划分：由人工费、材料（包含工程设备，下同）费、施工机具使用费、企业管理费、利润、规费和税金组成。其中人工费、材料费、施工机具使用费、企业管理费和利润包含在分部分项工程费、措施项目费、其他项目费中，见图 1-1。

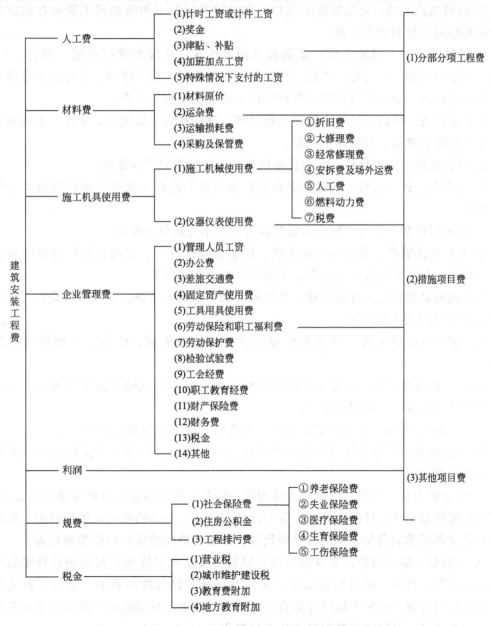

图 1-1　建筑安装工程费用项目组成（按费用构成要素划分）

（1）人工费　即按工资总额构成规定，支付给从事建筑安装工程施工的生产工人和附属生产单位工人的各项费用。包括以下几种。

① 计时工资或计件工资：是指按计时工资标准和工作时间或对已做工作按计件单价支付给个人的劳动报酬。

② 奖金：指对超额劳动和增收节支支付给个人的劳动报酬。如节约奖、劳动竞赛奖等。

③ 津贴补贴：是指为了补偿职工特殊或额外的劳动消耗和因其他特殊原因支付给个人的津贴，以及为了保证职工工资水平不受物价影响支付给个人的物价补贴。如流动施工津贴、特殊地区施工津贴、高温（寒）作业临时津贴、高空津贴等。

④ 加班加点工资：是指按规定支付的在法定节假日工作的加班工资和在法定日工作时间外延时工作的加点工资。

⑤ 特殊情况下支付的工资：是指根据国家法律、法规和政策规定，因病、工伤、产假、计划生育假、婚丧假、事假、探亲假、定期休假、停工学习、执行国家或社会义务等原因按计时工资标准或计时工资标准的一定比例支付的工资。

（2）材料费　即施工过程中耗费的原材料、辅助材料、构配件、零件、半成品或成品、工程设备的费用。包括以下几种。

① 材料原价：是指材料、工程设备的出厂价格或商家供应价格。

② 运杂费：是指材料、工程设备自来源地运至工地仓库或指定堆放地点所发生的全部费用。

③ 运输损耗费：是指材料在运输装卸过程中不可避免的损耗。

④ 采购及保管费：是指为组织采购、供应和保管材料、工程设备的过程中所需要的各项费用。包括采购费、仓储费、工地保管费、仓储损耗。

工程设备是指构成或计划构成永久工程一部分的机电设备、金属结构设备、仪器装置及其他类似的设备和装置。

（3）施工机具使用费　即施工作业所发生的施工机械、仪器仪表使用费或其租赁费。

① 施工机械使用费：用施工机械台班耗用量乘以施工机械台班单价表示，施工机械台班单价应由以下七项费用构成。

A. 折旧费：指施工机械在规定的使用年限内，陆续收回其原值的费用。

B. 大修理费：指施工机械按规定的大修理间隔台班进行必要的大修理，以恢复其正常功能所需的费用。

C. 经常修理费：指施工机械除大修理以外的各级保养和临时故障排除所需的费用。包括为保障机械正常运转所需替换设备与随机配备工具附具的摊销和维护费用，机械运转中日常保养所需润滑与擦拭的材料费用及机械停滞期间的维护和保养费用等。

D. 安拆费及场外运费：安拆费指施工机械（大型机械除外）在现场进行安装与拆卸所需的人工、材料、机械和试运转费用以及机械辅助设施的折旧、搭设、拆除等费用；场外运费指施工机械整体或分体自停放地点运至施工现场或由一施工地点运至另一施工地点的运输、装卸、辅助材料及架线等费用。

E. 人工费：指机上司机（司炉）和其他操作人员的人工费。

F. 燃料动力费：指施工机械在运转作业中所消耗的各种燃料及水、电等。

G. 税费：指施工机械按照国家规定应缴纳的车船使用税、保险费及年检费等。

② 仪器仪表使用费：是指工程施工所需使用的仪器仪表的摊销及维修费用。

（4）企业管理费　指建筑安装企业组织施工生产和经营管理所需的费用。包括以下几种。

① 管理人员工资：是指按规定支付给管理人员的计时工资、奖金、津贴补贴、加班加点工资及特殊情况下支付的工资等。

② 办公费：是指企业管理办公用的文具、纸张、账表、印刷、邮电、书报、办公软件、现场监控、会议、水电、烧水和集体取暖降温（包括现场临时宿舍取暖降温）等费用。

③ 差旅交通费：是指职工因公出差、调动工作的差旅费、住勤补助费，市内交通费和误餐补助费，职工探亲路费，劳动力招募费，职工退休、退职一次性路费，工伤人员就医路费，工地转移费以及管理部门使用的交通工具的油料、燃料等费用。

④ 固定资产使用费：是指管理和试验部门及附属生产单位使用的属于固定资产的房屋、设备、仪器等的折旧、大修、维修或租赁费。

⑤ 工具用具使用费：是指企业施工生产和管理使用的不属于固定资产的工具、器具、家具、交通工具和检验、试验、测绘、消防用具等的购置、维修和摊销费。

⑥ 劳动保险和职工福利费：是指由企业支付的职工退职金、按规定支付给离休干部的经费，集体福利费、夏季防暑降温、冬季取暖补贴、上下班交通补贴等。

⑦ 劳动保护费：是企业按规定发放的劳动保护用品的支出。如工作服、手套、防暑降温饮料以及在有碍身体健康的环境中施工的保健费用等。

⑧ 检验试验费：是指施工企业按照有关标准规定，对建筑以及材料、构件和建筑安装物进行一般鉴定、检查所发生的费用，包括自设试验室进行试验所耗用的材料等费用。不包括新结构、新材料的试验费，对构件做破坏性试验及其他特殊要求检验试验的费用和建设单位委托检测机构进行检测的费用，对此类检测发生的费用，由建设单位在工程建设其他费用中列支。但对施工企业提供的具有合格证明的材料进行检测不合格的，该检测费用由施工企业支付。

⑨ 工会经费：是指企业按《工会法》规定的全部职工工资总额比例计提的工会经费。

⑩ 职工教育经费：是指按职工工资总额的规定比例计提，企业为职工进行专业技术和职业技能培训，专业技术人员继续教育、职工职业技能鉴定、职业资格认定以及根据需要对职工进行各类文化教育所发生的费用。

⑪ 财产保险费：是指施工管理用财产、车辆等的保险费用。

⑫ 财务费：是指企业为施工生产筹集资金或提供预付款担保、履约担保、职工工资支付担保等所发生的各种费用。

⑬ 税金：是指企业按规定缴纳的房产税、车船使用税、土地使用税、印花税等。

⑭ 其他：包括技术转让费、技术开发费、投标费、业务招待费、绿化费、广告费、

公证费、法律顾问费、审计费、咨询费、保险费等。

（5）利润　是指施工企业完成所承包工程获得的盈利。

（6）规费　是指按国家法律、法规规定，由省级政府和省级有关权力部门规定必须缴纳或计取的费用。包括以下几项。

① 社会保险费

A. 养老保险费：是指企业按照规定标准为职工缴纳的基本养老保险费。

B. 失业保险费：是指企业按照规定标准为职工缴纳的失业保险费。

C. 医疗保险费：是指企业按照规定标准为职工缴纳的基本医疗保险费。

D. 生育保险费：是指企业按照规定标准为职工缴纳的生育保险费。

E. 工伤保险费：是指企业按照规定标准为职工缴纳的工伤保险费。

② 住房公积金：是指企业按规定标准为职工缴纳的住房公积金。

③ 工程排污费：是指按规定缴纳的施工现场工程排污费。

其他应列而未列入的规费，按实际发生计取。

（7）税金　是指国家税法规定的应计入建筑安装工程造价内的营业税、城市维护建设税、教育费附加以及地方教育附加。

2. 建筑安装工程费用项目组成（按造价形成划分）

建筑安装工程费按照工程造价形成由分部分项工程费、措施项目费、其他项目费、规费、税金组成，分部分项工程费、措施项目费、其他项目费包含人工费、材料费、施工机具使用费、企业管理费和利润，见图 1-2。

（1）分部分项工程费　是指各专业工程的分部分项工程应予列支的各项费用。

① 专业工程：是指按现行国家计量规范划分的房屋建筑与装饰工程、仿古建筑工程、通用安装工程、市政工程、园林绿化工程、矿山工程、构筑物工程、城市轨道交通工程、爆破工程等各类工程。

② 分部分项工程：指按现行国家计量规范对各专业工程划分的项目。如房屋建筑与装饰工程划分的土石方工程、地基处理与桩基工程、砌筑工程、钢筋及钢筋混凝土工程等。

各类专业工程的分部分项工程划分见现行国家或行业计量规范。

（2）措施项目费　是指为完成建设工程施工，发生于该工程施工前和施工过程中的技术、生活、安全、环境保护等方面的费用。包括以下几种。

① 安全文明施工费

A. 环境保护费：是指施工现场为达到环保部门要求所需要的各项费用。

B. 文明施工费：是指施工现场文明施工所需要的各项费用。

C. 安全施工费：是指施工现场安全施工所需要的各项费用。

D. 临时设施费：是指施工企业为进行建设工程施工所必须搭设的生活和生产用的临时建筑物、构筑物和其他临时设施费用。包括临时设施的搭设、维修、拆除、清理费或摊销费等。

② 夜间施工增加费：是指因夜间施工所发生的夜班补助费、夜间施工降效、夜间

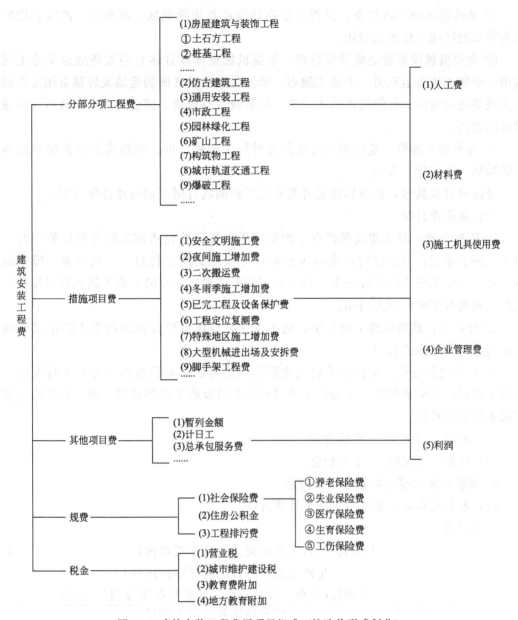

图 1-2　建筑安装工程费用项目组成（按造价形成划分）

施工照明设备摊销及照明用电等费用。

③ 二次搬运费：是指因施工场地条件限制而发生的材料、构配件、半成品等一次运输不能到达堆放地点，必须进行二次或多次搬运所发生的费用。

④ 冬雨季施工增加费：是指在冬季或雨季施工需增加的临时设施、防滑、排除雨雪，人工及施工机械效率降低等费用。

⑤ 已完工程及设备保护费：是指竣工验收前，对已完工程及设备采取的必要保护措施所发生的费用。

⑥ 工程定位复测费：是指工程施工过程中进行全部施工测量放线和复测工作的费用。

⑦ 特殊地区施工增加费：是指工程在沙漠或其边缘地区、高海拔、高寒、原始森林等特殊地区施工增加的费用。

⑧ 大型机械设备进出场及安拆费：是指机械整体或分体自停放场地运至施工现场或由一个施工地点运至另一个施工地点，所发生的机械进出场运输及转移费用及机械在施工现场进行安装、拆卸所需的人工费、材料费、机械费、试运转费和安装所需的辅助设施的费用。

⑨ 脚手架工程费：是指施工需要的各种脚手架搭、拆、运输费用以及脚手架购置费的摊销（或租赁）费用。

措施项目及其包含的内容详见各类专业工程的现行国家或行业计量规范。

（3）其他项目费

① 暂列金额：是指建设单位在工程量清单中暂定并包括在工程合同价款中的一笔款项。用于施工合同签订时尚未确定或者不可预见的所需材料、工程设备、服务的采购，施工中可能发生的工程变更、合同约定调整因素出现时的工程价款调整以及发生的索赔、现场签证确认等的费用。

② 计日工：是指在施工过程中，施工企业完成建设单位提出的施工图纸以外的零星项目或工作所需的费用。

③ 总承包服务费：是指总承包人为配合、协调建设单位进行的专业工程发包，对建设单位自行采购的材料、工程设备等进行保管以及施工现场管理、竣工资料汇总整理等服务所需的费用。

（4）规费　定义同 1. 中的规费。

（5）税金　定义同 1. 中的税金。

3. 建筑安装工程费用参考计算方法

（1）各费用构成要素可参考以下计算方法：

① 人工费

$$人工费 = \sum(工日消耗量 \times 日工资单价) \qquad (1\text{-}1)$$

$$日工资单价 = \frac{生产工人平均月工资(计时/计件) + 平均月(奖金 + 津贴补贴 + 特殊情况下支付的工资)}{年平均每月法定工作日} \qquad (1\text{-}2)$$

注：以上公式(1-1)、公式(1-2)主要适用于施工企业投标报价时自主确定人工费，也是工程造价管理机构编制计价定额确定定额人工单价或发布人工成本信息的参考依据。

$$人工费 = \sum(工程工日消耗量 \times 日工资单价) \qquad (1\text{-}3)$$

其中，日工资单价指施工企业平均技术熟练程度的生产工人在每工作日（国家法定工作时间内）按规定从事施工作业应得的日工资总额。

工程造价管理机构确定日工资单价需通过市场调查、根据工程项目的技术要求，参考实物工程量人工单价综合分析确定，最低日工资单价不得低于工程所在地人力资源和社会保障部门所发布的最低工资标准的：普工 1.3 倍、一般技工 2 倍、高级技工 3 倍。

工程计价定额不能只列一个综合工日单价，应根据工程项目技术要求及工种差别适当划分多种日人工单价，确保各分部工程人工费的合理构成。

注：公式(1-3)适用于工程造价管理机构编制计价定额时确定定额人工费，是施工企业投标报价的参考依据。

② 材料费

A. 材料费

$$材料费＝\Sigma(材料消耗量×材料单价) \tag{1-4}$$

$$材料单价＝\{(材料原价＋运杂费)×[1＋运输损耗率(\%)]\}×[1＋采购保管费率(\%)] \tag{1-5}$$

B. 工程设备费

$$工程设备费＝\Sigma(工程设备量×工程设备单价) \tag{1-6}$$

$$工程设备单价＝(设备原价＋运杂费)×[1＋采购保管费率(\%)] \tag{1-7}$$

③ 施工机具使用费

A. 施工机械使用费

$$施工机械使用费＝\Sigma(施工机械台班消耗量×机械台班单价) \tag{1-8}$$

$$机械台班单价＝台班折旧费＋台班大修费＋台班经常修理费＋台班安拆费及场外运费$$
$$＋台班人工费＋台班燃料动力费＋台班车船税费 \tag{1-9}$$

注：工程造价管理机构在确定计价定额中的施工机械使用费时，应根据《建筑施工机械台班费用计算规则》并结合市场调查编制施工机械台班单价。施工企业可以参考工程造价管理机构发布的台班单价，自主确定施工机械使用费的报价，例如租赁施工机械，计算式为：施工机械使用费＝Σ（施工机械台班消耗量×机械台班租赁单价）。

B. 仪器仪表使用费

$$仪器仪表使用费＝工程使用的仪器仪表摊销费＋维修费 \tag{1-10}$$

④ 企业管理费费率

A. 以分部分项工程费为计算基础

$$企业管理费费率(\%)＝\frac{生产工人年平均管理费}{年有效施工天数×人工单价}×人工费占分部分项工程费比例(\%) \tag{1-11}$$

B. 以人工费和机械费合计为计算基础

$$企业管理费费率(\%)＝\frac{生产工人年平均管理费}{年有效施工天数×(人工单价＋每一工日机械使用费)}×100\% \tag{1-12}$$

C. 以人工费为计算基础

$$企业管理费费率(\%)＝\frac{生产工人年平均管理费}{年有效施工天数×人工单价}×100\% \tag{1-13}$$

注：以上公式适用于施工企业投标报价时自主确定管理费，是工程造价管理机构编制计价定额确定企业管理费的参考依据。

工程造价管理机构在确定计价定额中企业管理费时，应以定额人工费或（定额人工费＋定额机械费）为计算基数，其费率依照历年工程造价积累的资料，辅以调查数据确定，列入分部分项工程和措施项目中。

⑤ 利润

A. 施工企业根据企业自身需求并结合建筑市场实际自主确定，列入报价中。

B. 工程造价管理机构在确定计价定额中利润时，应以定额人工费或（定额人工费＋定额机械费）为计算基数，其费率依照历年工程造价积累的资料，并结合建筑市场实际确定，以单位（单项）工程测算，利润在税前建筑安装工程费的比重可按不低于5%且不高于7%的费率计算。利润应列入分部分项工程和措施项目中。

⑥ 规费

A. 社会保险费和住房公积金

社会保险费和住房公积金应以定额人工费为计算基础，依工程所在地省、自治区、直辖市或行业建设主管部门规定费率计算。

$$社会保险费和住房公积金 = \sum(工程定额人工费 \times 社会保险费和住房公积金费率)$$

(1-14)

式中，社会保险费和住房公积金费率可以每万元发承包价的生产工人人工费和管理人员工资含量与工程所在地规定的缴纳标准综合分析取定。

B. 工程排污费

工程排污费等其他应列却未列入的规费应按工程所在地环境保护等部门规定的标准缴纳，按实计取列入。

⑦ 税金

税金计算公式：

$$税金 = 税前造价 \times 综合税率(\%)$$

(1-15)

综合税率：

A. 纳税地点在市区的企业

$$综合税率(\%) = \frac{1}{1 - 3\% - (3\% \times 7\%) - (3\% \times 3\%) - (3\% \times 2\%)} - 1$$

(1-16)

B. 纳税地点在县城、镇的企业

$$综合税率(\%) = \frac{1}{1 - 3\% - (3\% \times 5\%) - (3\% \times 3\%) - (3\% \times 2\%)} - 1$$

(1-17)

C. 纳税地点不在市区、县城、镇的企业

$$综合税率(\%) = \frac{1}{1 - 3\% - (3\% \times 1\%) - (3\% \times 3\%) - (3\% \times 2\%)} - 1$$

(1-18)

D. 实行营业税改增值税的，按纳税地点现行税率计算。

（2）建筑安装工程计价可参考以下计算公式：

① 分部分项工程费

$$分部分项工程费 = \sum(分部分项工程量 \times 综合单价)$$

(1-19)

式中，综合单价由人工费、材料费、施工机具使用费、企业管理费和利润以及一定范围的风险费用组成（下同）。

② 措施项目费

A. 国家计量规范规定应予计量的措施项目，其计算公式为：

$$措施项目费＝\sum(措施项目工程量×综合单价) \tag{1-20}$$

B. 国家计量规范规定不宜计量的措施项目，计算方法如下：

a. 安全文明施工费

$$安全文明施工费＝计算基数×安全文明施工费费率(\%) \tag{1-21}$$

计算基数应为定额基价（定额分部分项工程费＋定额中可以计量的措施项目费）、定额人工费或（定额人工费＋定额机械费），而由工程造价管理机构根据各专业工程的特点综合确定其费率。

b. 夜间施工增加费

$$夜间施工增加费＝计算基数×夜间施工增加费费率(\%) \tag{1-22}$$

c. 二次搬运费

$$二次搬运费＝计算基数×二次搬运费费率(\%) \tag{1-23}$$

d. 冬雨季施工增加费

$$冬雨季施工增加费＝计算基数×冬雨季施工增加费费率(\%) \tag{1-24}$$

e. 已完工程及设备保护费

$$已完工程及设备保护费＝计算基数×已完工程及设备保护费费率(\%) \tag{1-25}$$

以上 b～e 项措施项目的计费基数应为定额人工费或"定额人工费＋定额机械费"，而由工程造价管理机构根据各专业工程特点和调查资料综合分析后确定其费率。

③ 其他项目费

A. 暂列金额由建设单位依照工程特点，根据有关计价规定估算，施工过程中由建设单位掌握使用、扣除合同价款调整后若有余额，归建设单位。

B. 计日工由建设单位和施工企业按施工过程中的签证计价。

C. 总承包服务费由建设单位在招标控制价中依照总包服务范围和有关计价规定编制，施工企业投标时自主报价，施工过程中按签约合同价执行。

④ 规费和税金

建设单位及施工企业均应按照省、自治区、直辖市或行业建设主管部门发布标准计算规费和税金，不得作为竞争性费用。

(3) 相关问题的说明

① 各专业工程计价定额的编制及其计价程序，均按相关规定实施。

② 各专业工程计价定额的使用周期原则上为 5 年。

③ 工程造价管理机构在定额使用周期内，应及时发布人工、材料、机械台班价格信息，实行工程造价动态管理，若遇国家法律、法规、规章或相关政策变化以及建筑市场物价波动较大时，应适时调整定额人工费、定额机械费以及定额基价或规费费率，使建筑安装工程费能反映建筑市场实际。

④ 建设单位在编制招标控制价时，应按照各专业工程的计量规范和计价定额以及工程造价信息编制。

⑤ 施工企业在使用计价定额时除不可竞争费用外，其余只作参考，由施工企业投标时自主报价。

二、设备及工器具购置费

1. 设备购置费的构成及计算

设备购置费指的是达到固定资产标准，为建设工程项目购置或自制的各种国产或进口设备及工器具所需的费用。它由设备原价和设备运杂费构成。

$$设备购置费＝设备原价＋设备运杂费 \tag{1-26}$$

上式(1-26)中，设备原价指国产设备或进口设备的原价；设备运杂费指除设备原价之外的关于设备采购、运输、途中包装及仓库保管等方向支出费用的总和。

(1) 国产设备原价的构成及计算　国产设备原价一般指设备制造厂的交货价，或订货合同价。它一般根据生产厂或供应商的询价、报价、合同价确定，或采用一定的方法计算确定。国产设备原价又可分为国产标准设备原价和国产非标准设备原价。

① 国产标准设备原价　国产标准设备是指按照主管部门颁布的标准图纸和技术要求，由设备生产厂批量生产的，符合国家质量检验标准的设备。国产标准设备原价一般指的是设备制造厂的交货价，即出厂价。如设备系由设备成套公司供应，则以订货合同价为设备原价。有的设备有两种出厂价，即带有备件的出厂价和不带有备件的出厂价。在计算设备原价时，一般按带有备件的出厂价计算。

② 国产非标准设备原价　国产非标准设备是指国家尚无定型标准，各设备生产厂不可能在工艺过程中采用批量生产，只能按一次订货，并根据具体的设计图纸制造的设备。非标准设备原价有多种不同的计算方法，如成本计算估价法、系列设备插入估价法、分部组合估价法、定额估价法等。无论采用哪种方法都应使非标准设备计价接近实际出厂价，并且计算方法要简便。按成本计算估价法，非标准设备的原价由以下各项组成。

A. 材料费。其计算公式如下。

$$材料费＝材料净重×(1＋加工损耗系数)×每吨材料综合价 \tag{1-27}$$

B. 加工费。包括生产工人工资和工资附加费、燃料动力费、设备折旧费、车间经费等。其计算公式如下。

$$加工费＝设备总重量(吨)×设备每吨加工费 \tag{1-28}$$

C. 辅助材料费（简称辅材费）。包括焊条、焊丝、氧气、氩气、氮气、油漆、电石等费用。其计算公式如下。

$$辅助材料费＝设备总重量×辅助材料费指标 \tag{1-29}$$

D. 专用工具费。按 A～C 项之和乘以一定百分比计算。

E. 废品损失费。按 A～D 项之和乘以一定百分比计算。

F. 外购配套件费。按设备设计图纸所列的外购配套件的名称、型号、规格、数量、重量，根据相应的价格加运杂费计算。

G. 包装费。按以上 A～F 项之和乘以一定百分比计算。

H. 利润。可按 A～E 项加第 G 项之和乘以一定利润率计算。

I. 税金。主要指增值税。计算公式为：

$$增值税＝当期销项税额－进项税额 \tag{1-30}$$

其中，当期销项税额＝销售额×适用增值税率式中销售额为 A～H 项之和。

J. 非标准设备设计费：按国家规定的设计费收费标准计算。

综上所述，单台非标准设备原价可用下面的公式表达：

单台非标准设备原价＝{[（材料费＋加工费＋辅助材料费）×（1＋专用工具费率）×（1＋废品损失费率）＋外购配套件费]×（1＋包装费率）－外购配套件费}×（1＋利润率）＋销项税金＋非标准设备设计费＋外购配套件费   (1-31)

（2）进口设备原价的构成及计算　进口设备的原价是指进口设备的抵岸价，即抵达买方边境港口或边境车站，且交完关税等税费后形成的价格。进口设备抵岸价的构成与进口设备的交货方式有关。

① 进口设备的交货方式。可分为内陆交货类、目的地交货类、装运港交货类。

② 进口设备原价的构成及计算。进口设备采用最多的是装运港船上交货价（FOB），其抵岸价的构成可概括为：

$$\text{进口设备原价}＝\text{货价}＋\text{国际运费}＋\text{运输保险费}＋\text{银行财务费}＋\text{外贸手续费}＋\text{关税}＋\text{增值税}＋\text{消费税}＋$$
$$\text{海关监管手续费}＋\text{车辆购置附加费}   (1-32)$$

a. 货价。一般指的是装运港船上交货价（FOB）。设备货价分为原币货价和人民币货价，原币货价一律折算为美元表示，人民币货价按原币货价乘以外汇市场美元兑换人民币中间价确定。进口设备货价按有关生产厂商询价、报价、订货合同价计算。

b. 国际运费。即从装运港（站）到达我国抵达港（站）的运费。我国进口设备大部分采用海洋运输，小部分采用铁路运输，个别采用航空运输。进口设备国际运费计算公式为：

$$\text{国际运费（海、陆、空）}＝\text{原币货价（FOB）}×\text{运费率}   (1-33)$$
$$\text{国际运费（海、陆、空）}＝\text{运量}×\text{单位运价}   (1-34)$$

其中，运费率或单位运价参照有关部门或进出口公司的规定执行。

c. 运输保险费。对外贸易货物运输保险是由保险人（保险公司）与被保险人（出口人或进口人）订立保险契约，在被保险人交付议定的保险费后，保险人根据保险契约的规定对货物在运输过程中发生的承保责任范围内的损失给予经济上的补偿。这是一种财产保险。计算公式为：

$$\text{运输保险费}＝\frac{\text{原币货价（FOB）}＋\text{国外运费}}{1－\text{保险费率}}×\text{保险费率}   (1-35)$$

其中，保险费率按保险公司规定的进口货物保险费率计算。

d. 银行财务费。一般是指中国银行手续费，可按下式简化计算：

$$\text{银行财务费}＝\text{人民币货价（FOB）}×\text{银行财务费率}   (1-36)$$

e. 外贸手续费。指按对外经济贸易部规定的外贸手续费率计取的费用，外贸手续费率一般取 1.5%。计算公式为：

$$\text{外贸手续费}＝[\text{装运港船上交货价（FOB）}＋\text{国际运费}＋\text{运输保险费}]×\text{外贸手续费率}$$
$$(1-37)$$

f. 关税。由海关对进出国境或关境的货物和物品征收的一种税。计算公式为：

$$关税＝到岸价格(CIF)×进口关税税率 \tag{1-38}$$

式中，到岸价格（CIF）包括离岸价格（FOB）、国际运费、运输保险费等费用，它作为关税完税价格。进口关税税率分为优惠和普通两种。优惠税率适用于与我国签订有关税互惠条款的贸易条约或协定的国家的进口设备；普通税率适用于与我国未订有关税互惠条款的贸易条约或协定的国家的进口设备。进口关税税率按我国海关总署发布的进口关税税率计算。

g. 增值税。是对从事进口贸易的单位和个人，在进口商品报关进口后征收的税种。我国增值税条例规定，进口应税产品均按组成计税价格和增值税税率直接计算应纳税额。即：

$$进口产品增值税额＝组成计税价格×增值税税率 \tag{1-39}$$

$$组成计税价格＝关税完税价格＋关税＋消费税 \tag{1-40}$$

增值税税率根据规定的税率计算。

h. 消费税。对部分进口设备（如轿车、摩托车等）征收，一般计算公式为：

$$应纳消费税额＝\frac{到岸价＋关税}{1－消费税税率}×消费税税率 \tag{1-41}$$

式中，消费税税率根据规定的税率计算。

i. 海关监管手续费。指海关对进口减税、免税、保税货物实施监督、管理、提供服务的手续费。对于全额征收进口关税的货物不计本项费用。其公式如下：

$$海关监管手续费＝到岸价×海关监管手续费率 \tag{1-42}$$

j. 车辆购置附加费：进口车辆需缴进口车辆购置附加费。其公式如下：

$$\frac{进口车辆}{购置附加费}＝(到岸价＋关税＋消费税＋增值税)×进口车辆购置附加费率 \tag{1-43}$$

（3）设备运杂费的构成和计算 设备运杂费按设备原价乘以设备运杂费率计算，其公式为：

$$设备运杂费＝设备原价×设备运杂费率 \tag{1-44}$$

式中，设备运杂费率按各部门及省、市等的规定计取。

设备运杂费通常由下列各项构成：

① 国产标准设备由设备制造厂交货地点起至工地仓库（或施工组织设计指定的需要安装设备的堆放地点）止所发生的运费和装卸费。

进口设备则由我国到岸港口、边境车站起至工地仓库（或施工组织设计指定的需要安装设备的堆放地点）止所发生的运费和装卸费。

② 在设备出厂价格中没有包含的设备包装和包装材料器具费。在设备出厂价或进口设备价格中如已包括了此项费用，则不应重复计算。

③ 供销部门的手续费，按有关部门规定的统一费率计算。

④ 建设单位（或工程承包公司）的采购与仓库保管费，是指采购、验收、保管和收发设备所发生的各种费用，包括设备采购、保管和管理人员工资、工资附加费、办公费、差旅交通费、设备供应部门办公和仓库所占固定资产使用费、工具用具使用费、劳

动保护费、检验试验费等。这些费用可按主管部门规定的采购保管费率计算。

一般来讲，沿海和交通便利的地区，设备运杂费率相对低一些；内地和交通不很便利的地区就要相对高一些，边远省份则要更高一些。对于非标准设备来讲，应尽量就近委托设备制造厂，以大幅度降低设备运杂费。进口设备由于原价较高，国内运距较短，因而运杂费比率应适当降低。

2. 工、器具及生产家具购置费的构成及计算

工具、器具及生产家具购置费，是指新建或扩建项目初步设计规定的，保证初期正常生产必须购置的没有达到固定资产标准的设备、仪器、工卡模具、器具、生产家具和备品备件等的购置费用。一般以设备购置费为计算基数，按照部门或行业规定的工具、器具及生产家具费率计算。计算公式为：

$$工具、器具及生产家具购置费＝设备购置费×定额费率 \tag{1-45}$$

三、工程建设其他费用

工程建设其他费用指的是从工程筹建到工程竣工验收交付使用止的整个建设期间，除建筑安装工程费用和设备、工器具购置费以外的，为保证工程建设顺利完成和交付使用后能够正常发挥效用而发生的一些费用。

工程建设其他费用，按其内容可分为三类。第一类为土地使用费，由于工程项目固定于一定地点与地面相连接，必须占用一定量的土地，也就必然要发生为获得建设用地而支付的费用；第二类是与项目建设有关的费用；第三类是与未来企业生产和经营活动有关的费用。

1. 土地使用费

任何一个建设项目都固定于一定地点与地面相连接，必须占用一定量的土地，也就必然要发生为获得建设用地而支付的费用，这就是土地使用费用。它是指通过划拨方式取得土地使用权而支付的土地征用及迁移补偿费，或者通过土地使用权出让方式取得土地使用权而支付的土地使用权出让金。

（1）土地征用及迁移补偿费 是指建设项目通过划拨方式取得无限期的土地使用权，依照《中华人民共和国土地管理法》等规定所支付的费用。其总和一般不得超过被征土地年产值的 20 倍，土地年产值则按该地被征用前 3 年的平均产量和国家规定的价格计算。其内容包括以下各项。

① 土地补偿费 征用耕地（包括菜地）的补偿标准，按政府规定，为该耕地年产值的若干倍，具体补偿标准由省、自治区、直辖市人民政府在此范围内制定。征用园地、鱼塘、藕塘、苇塘、宅基地、林地、牧场、草原等的补偿标准，由省、自治区、直辖市人民政府制定。征收无收益的土地，不予补偿。

② 青苗补偿费和被征用土地上的房屋、水井、树木等附着物补偿费 这些补偿费的标准由省、自治区、直辖市人民政府制定。征用城市郊区的菜地时，还应按照有关规定向国家缴纳新菜地开发建设基金。

③ 安置补助费 征用耕地、菜地的，每个农业人口的安置补助费为该地每亩年产值的2～3 倍，每亩耕地的安置补助费最高不得超过其年产值的 10 倍。

④ 缴纳的耕地占用税或城镇土地使用税、土地登记费及征地管理费等　县市土地管理机关从征地费中提取土地管理费的比率，要按征地工作量大小，视不同情况，在1‰～4‰幅度内提取。

⑤ 征地动迁费　包括征用土地上的房屋及附属构筑物、城市公共设施等拆除、迁建补偿费、搬迁运输费，企业单位因搬迁造成的减产、停工损失补贴费，拆迁管理费等。

⑥ 水利水电工程水库淹没处理补偿费　包括农村移民安置迁建费，城市迁建补偿费，库区工矿企业、交通、电力、通信、广播、管网、水利等的恢复、迁建补偿费，库底清理费，防护工程费，环境影响补偿费用等。

（2）取得国有土地使用费　包括：土地使用权出让金、城市建设配套费、拆迁补偿与临时安置补助费等。

① 土地使用权出让金　是指建设工程通过土地使用权出让方式，取得有限期的土地使用权，依照《中华人民共和国城镇国有土地使用权出让和转让暂行条例》规定，支付的土地使用权出让金。

A. 明确国家是城市土地的唯一所有者，并分层次、有偿、有限期地出让、转让城市土地。第一层次是城市政府将国有土地使用权出让给用地者，该层次由城市政府垄断经营。出让对象可以是有法人资格的企事业单位，也可以是外商。第二层次及以下层次的转让则发生在使用者之间。

B. 城市土地的出让和转让可采用协议、招标、公开拍卖等方式。

a. 协议方式是由用地单位申请，经市政府批准同意后双方洽谈具体地块及地价。该方式适用于市政工程、公益事业用地以及需要减免地价的机关、部队用地和需要重点扶持、优先发展的产业用地。

b. 招标方式是在规定的期限内，由用地单位以书面形式投标，市政府根据投标报价、规划方案以及企业信誉综合考虑，择优而取。该方式适用于一般工程建设用地。

c. 公开拍卖是指在指定的地点和时间，由申请用地者叫价应价，价高者得。这完全由市场竞争决定，适用于盈利高的行业用地。

C. 在有偿出让和转让土地时，政府对地价不作统一规定，但应坚持以下原则。

a. 地价对目前的投资环境不产生大的影响。

b. 地价与当地的社会经济承受能力相适应。

c. 地价要考虑已投入的土地开发费用、土地市场供求关系、土地用途和使用年限。

D. 关于政府有偿出让土地使用权的年限，各地可根据时间、区位等各种条件作不同的规定，一般可在30～99年之间。按照地面附属建筑物的折旧年限来看，以50年为宜。

E. 土地有偿出让和转让，土地使用者和所有者要签约，明确使用者对土地享有的权利和对土地所有者应承担的义务。

a. 有偿出让和转让使用权，要向土地受让者征收契税。

b. 转让土地如有增值，要向转让者征收土地增值税。

c. 在土地转让期间，国家要区别不同地段、不同用途向土地使用者收取土地占用费。

② 城市建设配套费　是指因进行城市公共设施的建设而分摊的费用。

③ 拆迁补偿与临时安置补助费　此项费用由两部分构成，即拆迁补偿费和临时安置补助费或搬迁补助费。拆迁补偿费是指拆迁人对被拆迁人，按照有关规定予以补偿所需的费用。拆迁补偿的形式可分为产权调换和货币补偿两种形式。产权调换的面积按照所拆迁房屋的建筑面积计算；货币补偿的金额按照被拆迁人或者房屋承租人支付搬迁补助费。在过渡期内，被拆迁人或者房屋承租人自行安排住处的，拆迁人应当支付临时安置补助费。

2. 与项目建设有关的其他费用

根据项目的不同，与项目建设有关的其他费用的构成也不尽相同，一般包括以下各项。在进行工程估算及概算中可根据实际情况进行计算。

(1) 建设单位管理费　是指建设项目从立项、筹建、建设、联合试运转、竣工验收、交付使用及后评估等全过程管理所需的费用。内容包括以下几项。

① 建设单位开办费　指新建项目为保证筹建和建设工作正常进行所需办公设备、生活家具、用具、交通工具等购置费用。

② 建设单位经费　包括工作人员的基本工资、工资性补贴、职工福利费、劳动保护费、劳动保险费、办公费、差旅交通费、工会经费、职工教育经费、固定资产使用费、工具用具使用费、技术图书资料费、生产人员招募费、工程招标费、合同契约公证费、工程质量监督检测费、工程咨询费、法律顾问费、审计费、业务招待费、排污费、竣工交付使用清理及竣工验收费、后评估费等费用。不包括应计入设备、材料预算价格的建设单位采购及保管设备材料所需的费用。

建设单位管理费按照单项工程费用之和（包括设备工、器具购置费和建筑安装工程费用）乘以建设单位管理费率计算。

建设单位管理费率按照建设项目的不同性质、不同规模确定。有的建设项目按照建设工期和规定的金额计算建设单位管理费。

(2) 勘察设计费　是指为本建设项目提供项目建议书、可行性研究报告及设计文件等所需费用，内容包括：

① 编制项目建议书、可行性研究报告及投资估算、工程咨询、评价以及为编制上述文件所进行的勘察、设计、研究试验等所需费用；

② 委托勘察、设计单位进行初步设计、施工图设计及概预算编制等所需费用；

③ 在规定范围内由建设单位自行完成的勘察、设计工作所需的费用。

勘察设计费中，项目建议书、可行性研究报告按国家颁布的收费标准计算，设计费按国家颁布的工程设计收费标准计算；勘察费一般民用建筑 6 层以下的按 $3 \sim 5$ 元$/\text{m}^2$ 计算，高层建筑按 $8 \sim 10$ 元$/\text{m}^2$ 计算，工业建筑按 $10 \sim 12$ 元$/\text{m}^2$ 计算。

(3) 研究试验费　指为建设项目提供和验证设计参数、数据、资料等所进行的必要的试验费用以及设计规定在施工中必须进行试验、验证所需费用。包括自行或委托其他部门研究试验所需人工费、材料费、试验设备及仪器使用费等。这项费用按照设计单位根据本工程项目的需要提出的研究试验内容和要求计算。

（4）建设单位临时设施费　是指建设期间建设单位所需临时设施的搭设、维修、摊销费用或租赁费用。

临时设施包括临时宿舍、文化福利及公用事业房屋与构筑物、仓库、办公室、加工厂以及规定范围内的道路、水、电、管线等临时设施和小型临时设施。

（5）工程监理费　指依据国家有关机关规定和规程规范要求，工程建设项目法人委托工程监理机构对建设项目全过程实施监理所支付的费用。根据国家发展改革委、建设部关于印发《建设工程监理与相关服务收费管理规定》的通知（发改价格［2007］670号）等文件规定，选择下列方法进行计算。

实行政府指导价的建设工程施工阶段监理收费，其基准价根据《建设工程监理与相关服务收费标准》计算，浮动幅度为上下20％。发包人和监理人应当根据建设项目的实际情况在规定的浮动幅度内协商确定收费额。实行市场调节价的建设工程监理与相关服务收费，由发包人和监理人协商确定收费额。

（6）工程保险费　是指建设项目在建设期间根据需要实施工程保险所需的费用。包括以各种建筑工程及其在施工过程中的物料、机器设备为保险标的的建筑工程一切险，以安装工程中的各种机器、机械设备为保险标的的安装工程一切险，以及机器损坏保险等。根据不同的工程类别，分别以其建筑、安装工程费乘以建筑、安装工程保险费率计算。民用建筑（住宅楼、综合性大楼、商场、旅馆、医院、学校）占建筑工程费的2‰～4‰；其他建筑（工业厂房、仓库、道路、码头、水坝、隧道、桥梁、管道等）占建筑工程费的3‰～6‰；安装工程（农业、工业、机械、电子、电器、纺织、矿山、石油、化学及钢铁工业、钢结构桥梁）占建筑工程费的3‰～6‰。

（7）引进技术和进口设备其他费用　包括出国人员费用、国外工程技术人员来华费用、技术引进费、分期或延期付款利息、担保费以及进口设备检验鉴定费。

① 出国人员费用　指为引进技术和进口设备派出人员在国外培训和进行设计联络，设备检验等的差旅费、制装费、生活费等。这项费用根据设计规定的出国培训和工作的人数、时间及派往国家，按财政部、外交部规定的临时出国人员费用开支标准及中国民用航空公司现行国际航线票价等进行计算，其中使用外汇部分应计算银行财务费用。

② 国外工程技术人员来华费用　指为安装进口设备，引进国外技术等聘用外国工程技术人员进行技术指导工作所发生的费用。包括技术服务费、外国技术人员的在华工资、生活补贴、差旅费、医药费、住宿费、交通费、宴请费、参观游览等招待费用。这项费用按每人每月费用指标计算。

③ 技术引进费　指为引进国外先进技术而支付的费用。包括专利费、专有技术费（技术保密费）、国外设计及技术资料费、计算机软件费等。这项费用根据合同或协议的价格计算。

④ 分期或延期付款利息　指利用出口信贷引进技术或进口设备采取分期或延期付款的办法所支付的利息。

⑤ 担保费　指国内金融机构为买方出具保函的担保费。这项费用按有关金融机构规定的担保费率计算（一般可按承保金额的5‰计算）。

⑥ 进口设备检验鉴定费用　指进口设备按规定付给商品检验部门的进口设备检验鉴定费。这项费用按进口设备货价的 3‰～5‰ 计算。

（8）工程承包费　是指具有总承包条件的工程公司，对工程建设项目从开始建设至竣工投产全过程的总承包所需的管理费用。具体内容包括组织勘察设计、设备材料采购、非标设备设计制造与销售、施工招标、发包、工程预决算、项目管理、施工质量监督、隐蔽工程检查、验收和试车直至竣工投产的各种管理费用。该费用按国家主管部门或省、自治区、直辖市协调规定的工程总承包费取费标准计算。如无规定时，一般工业建设项目为投资估算的 6%～8%，民用建筑（包括住宅建设）和市政项目为 4%～6%。不实行工程承包的项目不计算本项费用。

3. 与未来企业生产经营有关的其他费用

（1）联合试运转费　是指新建企业或改扩建企业在工程竣工验收前，按照设计的生产工艺流程和质量标准对整个企业进行联合试运转所发生的费用支出与联合试运转期间收入部分的差额部分。联合试运转费用一般根据不同性质的项目按需进行试运转的工艺设备购置费的百分比计算。

（2）生产准备费　是指新建企业或新增生产能力的企业，为保证竣工交付使用进行必要的生产准备所发生的费用。费用内容包括以下各项。

① 生产人员培训费，包括自行培训、委托其他单位培训的人员的工资、工资性补贴、职工福利费、差旅交通费、学习资料费、学习费、劳动保护费等。

② 生产单位提前进厂参加施工、设备安装、调试等以及熟悉工艺流程及设备性能等人员的工资、工资性补贴、职工福利费、差旅交通费、劳动保护费等。

生产准备费一般根据需要培训和提前进厂人员的人数及培训时间，按生产准备费指标进行估算。

应该指出，生产准备费在实际执行中是一笔在时间上、人数上、培训深度上很难划分的、活口很大的支出，尤其要严格掌握。

（3）办公和生活家具购置费　是指为保证新建、改建、扩建项目初期正常生产、使用和管理所必须购置的办公和生活家具、用具的费用。改、扩建项目所需的办公和生活用具购置费，应低于新建项目。其范围包括办公室、会议室、资料档案室、阅览室、文娱室、食堂、浴室、理发室、单身宿舍和设计规定必须建设的托儿所、卫生所、招待所、中小学校等家具用具购置费。这项费用按照设计定员人数乘以综合指标计算，一般为 600～800 元/人。

四、预备费

按我国现行规定，预备费包括基本预备费和涨价预备费。

1. 基本预备费

基本预备费是指在初步设计及概算内难以预料的工程费用，费用内容包括以下几项。

① 在批准的初步设计范围内，技术设计、施工图设计及施工过程中所增加的工程费用；设计变更、局部地基处理等增加的费用。

② 一般自然灾害造成的损失和预防自然灾害所采取的措施费用。实行工程保险的工程项目费用应适当降低。

③ 竣工验收时为鉴定工程质量对隐蔽工程进行必要的挖掘和修复费用。基本预备费是按设备及工、器具购置费，建筑安装工程费用和工程建设其他费用三者之和为计取基础，乘以基本预备费率进行计算。

$$基本预备费＝(设备及工、器具购置费＋建筑安装工程费用＋工程建设其他费用)×基本预备费率 \tag{1-46}$$

基本预备费率的取值应执行国家及部门的有关规定。

2. 涨价预备费

涨价预备费是指建设项目在建设期间内由于价格等变化引起工程造价变化的预测预留费用。费用内容包括：人工、设备、材料、施工机械的价差费，建筑安装工程费及工程建设其他费用调整，利率、汇率调整等增加的费用。

涨价预备费的测算方法，一般根据国家规定的投资综合价格指数，按估算年份价格水平的投资额为基数，采用复利方法计算。计算公式为：

$$PF = \sum_{t=1}^{n} I_t \left[(1+f)^t - 1 \right] \tag{1-47}$$

式中，PF 为涨价预备费；n 为建设期年份数；I_t 为建设期中第 t 年的投资计划额，包括设备及工器具购置费、建筑安装工程费、工程建设其他费用及基本预备费；f 为年均投资价格上涨率。

∽ 相关知识 ∾

一、铺底流动资金

铺底流动资金是保证项目投产后，能进行正常生产经营所需要的最基本的周转资金数额，是项目总投资中的一个组成部分。计算公式如下：

$$铺底流动资金＝流动资金×30\% \tag{1-48}$$

其中，流动资金是指生产性项目投产后，用于购买原材料、燃料、支付工资福利和其他经费等所需要的周转资金，它的估算方法包括扩大指标估算法和分项详细估算法两种。

1. 扩大指标估算法

该方法是参照同类企业的流动资金占营业收入、经营成本的比例或者是单位产量占用营运资金的数额估算流动资金。计算公式如下：

$$流动资金额＝各种费用基数×相应的流动资金所占比例(或占营运资金的数额) \tag{1-49}$$

其中，各种费用基数是指年营业收入，年经营成本或年产量等。

2. 分项详细估算法

对计算流动资金需要掌握的流动资产和流动负债这两类因素应分别估算。在可行性研究中，为简化计算，只对存货、现金、应收账款这 3 项流动资产和应付账款这项流动负债进行估算。

二、建设期贷款利息

为了筹措建设项目资金所发生的各项费用，包括工程建设期间投资贷款利息、企业债券发行费、国外借款手续费和承诺费、汇兑净损失及调整外汇手续费、金融机构手续费以及为筹措建设资金发生的其他财务费用等，统称财务费。其中，最主要的是在工程项目建设期投资贷款而产生的利息。

建设期投资贷款利息是指建设项目使用银行或其他金融机构的贷款，在建设期应归还借款的利息。建设项目筹建期间借款的利息，按规定可以计入购建资产的价值或开办费。贷款机构在贷出款项时，一般都是按复利考虑的。作为投资者来说，在项目建设期间，投资项目一般没有还本付息的资金来源，即使按要求还款，其资金也可能是通过再申请借款来支付。当项目建设期长于一年时，为简化计算，可假定借款发生当年均在年中支用，按半年计息，年初欠款按全年计息，这样，建设期投资贷款的利息可按下式计算：

$$q_j = \left(P_{j-1} + \frac{1}{2}\Lambda_j\right)i \tag{1-50}$$

式中，q_j 为建设期第 j 年应计利息；P_{j-1} 为建设期第 $(j-1)$ 年末贷款累计金额与利息累计金额之和；A_j 为建设期第 j 年贷款金额；i 为年利率。

第3节　工程造价的计价依据

∽ 要　点 ∽

工程造价的计价依据主要包括：工程量计算规则、建筑工程定额、工程价格信息以及工程造价相关法律法规等。

∽ 解　释 ∽

一、工程量计算规则

1. 制定统一工程量计算规则的意义

① 有利于统一全国各地的工程量计算规则，打破了各自为政的局面，为该领域的交流提供了良好条件。

② 有利于"量价分离"。固定价格不适用于市场经济，因为市场经济的价格是变动的。必须进行价格的动态计算，把价格的计算依据动态化，变成价格信息。因此，需要把价格从定额中分离出来：使时效性差的工程量、人工量、材料量、机械量的计算与时效性强的价格分离开来。统一的工程量计算规则的产生，既是量价分离的产物，又是促进量价分离的要素，更是建筑工程造价计价改革的关键一步。

③ 有利于工料消耗定额的编制，为计算工程施工所需的人工、材料、机械台班消耗水平和市场经济中的工程计价提供依据。工料消耗定额的编制是建立在工程量计算规

则统一化、科学化的基础之上的，工程量计算规则和工料消耗定额的出台，共同形成了量价分离后完整的"量"的体系。

④ 有利于工程管理信息化。统一的计量规则，有利于统一计算口径，也有利于统一划项口径；而统一的划项口径又有利于统一信息编码，进而可实现统一的信息管理。

《建设工程工程量清单计价规范》（GB 50500—2013）也对工程量的计算规则作了规定，是编制工程量清单和利用工程量清单进行投标报价的依据。

2. 建筑面积计算规则

建筑面积，也称为建筑展开面积，指建筑物各层面积的总和。建筑面积包括使用面积、辅助面积和结构面积。

建筑面积的计算具体可参考《建筑工程建筑面积计算规范》（GB/T 50353—2013）的规定。

3. 建筑安装工程预算工程量计算规则

《全国统一安装工程预算工程量计算规则》包括以下内容：①机械设备安装工程；②电气设备安装工程；③热力设备安装工程；④炉窑砌筑工程；⑤静置设备与工艺金属结构制作安装工程；⑥工业管道工程；⑦消防及安全防范设备安装工程；⑧给排水、采暖、燃气工程；⑨通风空调工程；⑩自动化控制仪表安装工程；⑪刷油、防腐蚀、绝热工程。

4. 工程量清单计价规范工程量计算规则

《建设工程工程量清单计价规范》（GB 50500—2013）将《建设工程工程量清单计价规范》（GB 50500—2008）中的六个专业（建筑、装饰、安装、市政、园林、矿山）重新进行了精细化调整，工程量清单计价规范工程量计算规则可参考：《房屋建筑与装饰工程工程量计算规范》（GB 50854—2013）；《仿古建筑工程工程量计算规范》（GB 50855—2013）；《通用安装工程工程量计算规范》（GB 50856—2013）；《市政工程工程量计算规范》（GB 50857—2013）；《园林绿化工程工程量计算规范》（GB 50858—2013）；《矿山工程工程量计算规范》（GB 50859—2013）；《构筑物工程工程量计算规范》（GB 50860—2013）；《城市轨道交通工程工程量计算规范》（GB 50861—2013）；《爆破工程工程量计算规范》（GB 50862—2013）。

二、建筑安装工程定额

建筑安装工程定额是指按国家有关产品标准、设计标准、施工质量验收标准规范等确定的施工过程中完成规定计量单位产品所消耗的人工、材料、机械等消耗量的标准，其作用如下。

① 建筑安装工程定额具有促进节约社会劳动和提高生产效率的作用。企业用定额计算工料消耗、劳动效率、施工工期并与实际水平对比，衡量自身的竞争能力，促使企业加强管理，厉行节约的合理分配和使用资源，以达到节约的目的。

② 建筑安装工程定额提供的信息，为建筑市场供需双方的交易活动和竞争创造条件。

③ 建筑安装工程定额有助于完善建筑市场信息系统。定额本身是大量信息的集合，既是大量信息加工的结果，又向使用者提供信息。建筑安装工程造价就是依据定额提供的信息进行的。

三、建设安装工程价格信息

1. 建筑安装工程单价信息和费用信息

工程单价信息和费用在市场经济下具有参考性。对于发包人和承包人以及工程造价咨询单位来说，都是十分重要的信息来源。单价亦可从市场上调查得到，还可以利用政府或中介组织提供的信息。单价有以下几种：

（1）人工单价 指的是一个建筑安装工人一个工作日在预算中应计入的全部人工费用，它反映了建筑安装工人的工资水平和一个工人在一个工作日中可以得到的报酬。

（2）材料单价 是指材料由供应者仓库或提货地点到达工地仓库后的出库价格。材料单价包括材料原价、供销部门手续费、包装费、运输费及采购保管费。

（3）机械台班单价 它是指一台施工机械，在正常运转条件下每工作一个台班应计入的全部费用。机械台班单价包括折旧费、大修理费、经常修理费、安装拆卸费及场外运输费、燃料动力费、人工费、运输机械养路费、车船使用税及保险费。

2. 建筑安装工程价格指数

建筑安装工程价格指数是反映一定时期由于价格变化对工程价格影响程度的指标，它是调整建筑安装工程价格差价的依据。建筑安装工程价格指数是报告期与基期价格的比值，可以反映价格变动趋势，用来进行估价和结算，估计价格变动对宏观经济的影响。

在市场经济中，设备、材料和人工费的变化对建筑安装工程价格的影响日益增大。在建筑市场供求和价格水平发生经常性波动的情况下，建筑安装工程价格及其各组成部分也处于不断变化之中，使不同时期的工程价格失去可比性，造成了造价控制的困难。编制建筑安装工程价格指数是解决造价动态控制的最佳途径。

建筑安装工程价格指数因分类标准的不同，可分为以下种类。

① 按工程范围、类别和用途分类，可分为单项价格指数和综合价格指数。单项价格指数分别反映各类工程的人工、材料、施工机械及主要设备等报告期价格对基期价格的变化程度。综合价格指数综合反映各类项目或单项工程人工费、材料费、施工机械使用费和设备费等报告期价格对基期价格变化而影响造价的程度，反映造价总水平的变动趋势。

② 按工程价格资料期限长短分类，可分为时点价格指数、月指数、季指数和年指数。

③ 按不同基期分类，可分为定基指数和环比指数。前者指各期价格与其固定时期价格的比值；后者指各时期价格与前一期价格的比值。

建筑安装工程价格指数可以参照下列公式进行编制：

① 人工、机械台班、材料等要素价格指数的编制见式(1-51)：

$$材料（设备、人工、机械）价格指数 = \frac{报告期预算价格}{基期预算价格} \tag{1-51}$$

② 建筑安装工程价格指数的编制，见式（1-52）：

$$\begin{aligned}
建筑安装工程价格指数 = &人工费指数×基期人工费占建筑安装工程价格的比例＋\\
&\sum（单项材料价格指数×基期该材料费占建筑安装工程价格比\\
&例）＋\sum（单项施工机械台班指数×基期该机械费占建筑安\\
&装工程价格比例）＋（其他直接费、间接费综合指数）×（基期\\
&其他直接费、间接费占建筑安装工程价格比例） \tag{1-52}
\end{aligned}$$

四、建筑工程施工发包与承包计价管理办法

2013 年 12 月 11 日住房和城乡建设部发布了第 16 号部令《建筑工程施工发包与承包计价管理办法》。它是我国现行建筑工程造价最权威的计价依据，现全文收录如下：

建筑工程施工发包与承包计价管理办法

（中华人民共和国住房和城乡建设部令第 16 号）

第一条 为了规范建筑工程施工发包与承包计价行为，维护建筑工程发包与承包双方的合法权益，促进建筑市场的健康发展，根据有关法律、法规，制定本办法。

第二条 在中华人民共和国境内的建筑工程施工发包与承包计价（以下简称工程发承包计价）管理，适用本办法。

本办法所称建筑工程是指房屋建筑和市政基础设施工程。

本办法所称工程发承包计价包括编制工程量清单、最高投标限价、招标标底、投标报价，进行工程结算，以及签订和调整合同价款等活动。

第三条 建筑工程施工发包与承包价在政府宏观调控下，由市场竞争形成。

工程发承包计价应当遵循公平、合法和诚实信用的原则。

第四条 国务院住房城乡建设主管部门负责全国工程发承包计价工作的管理。

县级以上地方人民政府住房城乡建设主管部门负责本行政区域内工程发承包计价工作的管理。其具体工作可以委托工程造价管理机构负责。

第五条 国家推广工程造价咨询制度，对建筑工程项目实行全过程造价管理。

第六条 全部使用国有资金投资或者以国有资金投资为主的建筑工程（以下简称国有资金投资的建筑工程），应当采用工程量清单计价；非国有资金投资的建筑工程，鼓励采用工程量清单计价。

国有资金投资的建筑工程招标的，应当设有最高投标限价；非国有资金投资的建筑工程招标的，可以设有最高投标限价或者招标标底。

最高投标限价及其成果文件，应当由招标人报工程所在地县级以上地方人民政府住房城乡建设主管部门备案。

第七条 工程量清单应当依据国家制定的工程量清单计价规范、工程量计算规范等编制。工程量清单应当作为招标文件的组成部分。

第八条 最高投标限价应当依据工程量清单、工程计价有关规定和市场价格信息等编制。招标人设有最高投标限价的，应当在招标时公布最高投标限价的总价，以及各单位工程的分部分项工程费、措施项目费、其他项目费、规费和税金。

第九条 招标标底应当依据工程计价有关规定和市场价格信息等编制。

第十条 投标报价不得低于工程成本，不得高于最高投标限价。

投标报价应当依据工程量清单、工程计价有关规定、企业定额和市场价格信息等编制。

第十一条 投标报价低于工程成本或者高于最高投标限价总价的，评标委员会应当否决投标人的投标。

对是否低于工程成本报价的异议，评标委员会可以参照国务院住房城乡建设主管部门和省、自治区、直辖市人民政府住房城乡建设主管部门发布的有关规定进行评审。

第十二条 招标人与中标人应当根据中标价订立合同。不实行招标投标的工程由发承包双方协商订立合同。

合同价款的有关事项由发承包双方约定，一般包括合同价款约定方式，预付工程款、工程进度款、工程竣工价款的支付和结算方式，以及合同价款的调整情形等。

第十三条 发承包双方在确定合同价款时，应当考虑市场环境和生产要素价格变化对合同价款的影响。

实行工程量清单计价的建筑工程，鼓励发承包双方采用单价方式确定合同价款。

建设规模较小、技术难度较低、工期较短的建筑工程，发承包双方可以采用总价方式确定合同价款。

紧急抢险、救灾以及施工技术特别复杂的建筑工程，发承包双方可以采用成本加酬金方式确定合同价款。

第十四条 发承包双方应当在合同中约定，发生下列情形时合同价款的调整方法：

（一）法律、法规、规章或者国家有关政策变化影响合同价款的；

（二）工程造价管理机构发布价格调整信息的；

（三）经批准变更设计的；

（四）发包方更改经审定批准的施工组织设计造成费用增加的；

（五）双方约定的其他因素。

第十五条 发承包双方应当根据国务院住房城乡建设主管部门和省、自治区、直辖市人民政府住房城乡建设主管部门的规定，结合工程款、建设工期等情况在合同中约定预付工程款的具体事宜。

预付工程款按照合同价款或者年度工程计划额度的一定比例确定和支付，并在工程进度款中予以抵扣。

第十六条 承包方应当按照合同约定向发包方提交已完成工程量报告。发包方收到工程量报告后，应当按照合同约定及时核对并确认。

第十七条 发承包双方应当按照合同约定，定期或者按照工程进度分段进行工程款结算和支付。

第十八条 工程完工后，应当按照下列规定进行竣工结算。

（一）承包方应当在工程完工后的约定期限内提交竣工结算文件。

（二）国有资金投资建筑工程的发包方，应当委托具有相应资质的工程造价咨询企业对竣工结算文件进行审核，并在收到竣工结算文件后的约定期限内向承包方提出由工程造价咨询企业出具的竣工结算文件审核意见；逾期未答复的，按照合同约定处理，合同没有约定的，竣工结算文件视为已被认可。

非国有资金投资的建筑工程发包方，应当在收到竣工结算文件后的约定期限内予以答复，逾期未答复的，按照合同约定处理，合同没有约定的，竣工结算文件视为已被认可；发包方对竣工结算文件有异议的，应当在答复期内向承包方提出，并可以在提出异议之日起的约定期限内与承包方协商；发包方在协商期内未与承包方协商或者经协商未能与承包方达成协议的，应当委托工程造价咨询企业进行竣工结算审核，并在协商期满后的约定期限内向承包方提出由工程造价咨询企业出具的竣工结算文件审核意见。

（三）承包方对发包方提出的工程造价咨询企业竣工结算审核意见有异议的，在接到该审核意见后一个月内，可以向有关工程造价管理机构或者有关行业组织申请调解，调解不成的，可以依法申请仲裁或者向人民法院提起诉讼。

发承包双方在合同中对本条第（一）项、第（二）项的期限没有明确约定的，应当按照国家有关规定执行；国家没有规定的，可认为其约定期限均为 28 日。

第十九条　工程竣工结算文件经发承包双方签字确认的，应当作为工程决算的依据，未经对方同意，另一方不得就已生效的竣工结算文件委托工程造价咨询企业重复审核。发包方应当按照竣工结算文件及时支付竣工结算款。

竣工结算文件应当由发包方报工程所在地县级以上地方人民政府住房城乡建设主管部门备案。

第二十条　造价工程师编制工程量清单、最高投标限价、招标标底、投标报价、工程结算审核和工程造价鉴定文件，应当签字并加盖造价工程师执业专用章。

第二十一条　县级以上地方人民政府住房城乡建设主管部门应当依照有关法律、法规和本办法规定，加强对建筑工程发承包计价活动的监督检查和投诉举报的核查，并有权采取下列措施：

（一）要求被检查单位提供有关文件和资料；

（二）就有关问题询问签署文件的人员；

（三）要求改正违反有关法律、法规、本办法或者工程建设强制性标准的行为。

县级以上地方人民政府住房城乡建设主管部门应当将监督检查的处理结果向社会公开。

第二十二条　造价工程师在最高投标限价、招标标底或者投标报价编制、工程结算审核和工程造价鉴定中，签署有虚假记载、误导性陈述的工程造价成果文件的，记入造价工程师信用档案，依照《注册造价工程师管理办法》进行查处；构成犯罪的，依法追究刑事责任。

第二十三条　工程造价咨询企业在建筑工程计价活动中，出具有虚假记载、误导性陈述的工程造价成果文件的，记入工程造价咨询企业信用档案，由县级以上地方人民政府住房城乡建设主管部门责令改正，处 1 万元以上 3 万元以下的罚款，并予以通报。

第二十四条　国家机关工作人员在建筑工程计价监督管理工作中玩忽职守、徇私舞弊、滥用职权的，由有关机关给予行政处分；构成犯罪的，依法追究刑事责任。

第二十五条　建筑工程以外的工程施工发包与承包计价管理可以参照本办法执行。

第二十六条　省、自治区、直辖市人民政府住房城乡建设主管部门可以根据本办法制定实施细则。

第二十七条　本办法自2014年2月1日起施行。原建设部2001年11月5日发布的《建筑工程施工发包与承包计价管理办法》（建设部令第107号）同时废止。

～ 相关知识 ～

建筑工程造价计价依据的主要作用

(1) 是计算确定建筑工程造价的重要依据　从投资估算、设计概算、施工图预算，到承包合同价、结算价、竣工决算都离不开工程造价计价依据。

(2) 是投资决策的重要依据　投资者依据工程造价计价依据预测投资额，进而对项目作出财务评价，提高投资决策的科学性。

(3) 是工程投标和促进施工企业生产技术进步的工具　投标时根据政府主管部门和咨询机构公布的计价依据，得以了解社会平均的工程造价水平，再结合自身条件，做出合理的投标决策。由于工程造价计价依据较准确地反映了工料机消耗的社会平均水平，这对于企业贯彻按劳分配、提高设备利用率、降低建筑工程成本都有重要作用。

(4) 是政府对工程建设进行宏观调控的依据　政府可以运用工程造价依据等手段，计算人力、物力、财力的需要量，恰当地调控投资规模。

第4节　工程造价的计价模式

～ 要　点 ～

本节主要介绍我国现有的两种计价模式和国际上普遍采用的计价模式，读者要掌握工程量清单计价与定额计价。

～ 解　释 ～

一、我国现行的两种计价模式

1. 工程量清单计价

(1) 推行工程量清单计价是深化工程造价管理改革，推进建设市场化的重要途径。长期以来，工程预算定额是我国承发包计价、定价的主要依据。现预算定额中规定的消耗量和有关施工措施性费用是按社会平均水平编制的，以此为依据形成的工程造价基本上也属于社会平均价格。这种平均价格可作为市场竞争的参考价格，但不能反映参与竞争企业的实际消耗和技术管理水平，在一定程度上限制了企业的公平竞争。

工程量清单计价是建设工程招标投标中，按照国家统一的工程量清单计价规范，由招标人提供工程数量，投标人自主报价，经评审低价中标的工程造价计价模式。采用工程量清单计价能反映工程个别成本，有利于企业自主报价和公平竞争。

(2) 在建设工程招标投标中实行工程量清单计价是规范建筑市场秩序的治本措施之一, 适应市场经济的需要。工程造价是工程建设的核心, 也是市场运行的核心内容, 建筑市场存在着许多不规范的行为, 大多数与工程造价有直接联系。建筑产品是商品, 具有商品的共性, 它受价值规律、货币流通规律和供求规律的支配。但是, 建筑产品与一般的工业产品价格构成不一样, 建筑产品具有某些特殊性:

① 它竣工后一般不在空间发生物理运动, 可以直接移交用户, 立即进入生产消费或生活消费, 因而价格中不含商品使用价值运动发生的流通费用, 即因生产过程在流通领域内继续进行而支付的商品包装运输费、保管费。

② 它是固定在某地方的。

③ 由于施工人员和施工机具围绕着建设工程流动, 因而, 有的建设工程构成还包括施工企业远离基地的费用, 甚至包括成建制转移到新的工地所增加的费用等。

建筑产品价格随建设时间和地点而变化, 相同结构的建筑物在同一地段建造, 施工的时间不同造价就不一样; 同一时间、不同地段造价也不一样; 即使时间和地段相同, 施工方法、施工手段、管理水平不同工程造价也有所差别。所以说, 建筑产品的价格, 既有它的统一性, 又有它的特殊性。

(3) 推行工程量清单计价是与国际接轨的需要。工程量清单计价是目前国际上通行的做法, 一些发达国家和地区, 如我国香港地区基本采用这种方法, 在国内的世界银行等国外金融机构、政府机构贷款项目在招标中大多也采用工程量清单计价办法。随着我国加入世贸组织, 国内建筑业面临着两大变化, 一是中国市场将更具有活力, 二是国内市场逐步国际化, 竞争更加激烈。入世以后, 一是外国建筑商进入我国建筑市场开展竞争, 他们必然要带进国际惯例、规范和做法。二是国内建筑公司也同样要到国外市场竞争, 也需要按国际惯例、规范和做法来计算工程造价。三是我国的国内工程方面, 为了与外国建筑商在国内市场竞争, 也要改变过去的做法, 参照国际惯例、规范和做法来计算工程承发包价格。因此, 建筑产品的价格由市场形成是市场经济和适应国际惯例的需要。

(4) 实行工程量清单计价, 是促进建设市场有序竞争和企业健康发展的需要。工程量清单是招标文件的重要组织部分, 由招标单位编制或委托有资质的工程造价咨询单位编制, 工程量清单编制的准确、详尽、完整, 有利于提高招标单位的管理水平, 减少索赔事件的发生。由于工程量清单是公开的, 有利于防止招标工程中弄虚作假、暗箱操作等不规范行为。投标单位通过对单位工程成本、利润进行分析, 统筹考虑, 精心选择施工方案, 根据企业的定额合理确定人工、材料、机械等要素投入量的合理配置, 优化组合, 合理控制现场经费和施工技术措施费, 在满足招标文件需要的前提下, 合理确定自己的报价, 让企业有自主报价权。改变了过去依赖建设行政主管部门发布的定额和规定的取费标准进行计价的模式, 有利于提高劳动生产率, 促进企业技术进步, 节约投资和规范建设市场。采用工程量清单计价后, 将增加招标活动的透明度, 在充分竞争的基础上降低了造价, 提高了投资效益, 且便于操作和推行, 业主和承包商将都会接受这种计价模式。

(5) 实行工程量清单计价, 有利于我国工程造价政府职能的转变。按照政府部门真正履行起"经济调节、市场监督、社会管理和公共服务"的职能要求, 政府对工程造价管理的模式要进行相应的改变，将推行政府宏观调控、企业自主报价、市场形成价格、社会全面监督的工程造价管理思路。实行工程量清单计价，将会有利于我国工程造价政府职能的转变，由过去的政府控制的指令性定额转变为制定适应市场经济规律需要的工程量清单计价方法，由过去的行政干预转变为对工程造价进行依法监管，有效地强化政府对工程造价的宏观调控。

2. 定额计价

（1）定额计价方式在工程造价管理各个阶段的作用　定额计价方式的主要特征是，由政府行政主管部门颁发反映社会平均水平的消耗量定额；由工程造价主管部门发布人工、材料等指导价格。当建设项目进入可行性研究阶段和设计阶段，就需要利用上述定额（或概算指标）和指导价格编制工程估价、设计概算、施工图预算。因此，实施工程量清单计价方式后在不同的工程造价控制和管理阶段还需要用定额计价方式来确定工程估算造价、概算造价、预算造价等，定额计价方式将在相当长的时间与清单计价方式共存。

（2）采用定额计价方式编制标底　不管采用工程量清单招投标还是采用定额计价方式招投标，一般情况下，都应编制标底。由于标底是业主的期望工程造价，所以，不可能采用某个企业的定额来编制。只有采用反映社会平均水平的预算定额和主管部门颁发的指导价格和有关规定编制后，在此基础上进行调整，才能确定合理的标底价。因而，常采用定额计价方式来编制标底。

（3）定额计价方式在特殊工程招标中的应用　在推行工程量清单计价的同时，并没有禁止采用定额计价方式进行招投标。例如，非政府投资、非公有制企业投资的项目，业主可以自行选择清单计价方式，也可以选择定额计价方式。又如，当所建设的特殊工程没有可选择的企业定额，采用定额计价方式显得更为简单合理一些。再如，特种设备安装工程，只能由符合条件的某个专业公司来完成，采用定额计价方式也是较为合适的方法。因为只有这样，才能较好地控制工程造价。

二、国际上普遍采用的计价模式

目前，国际上在工程造价管理过程中，工程造价的确定普遍采用英、美、日三种计价模式。

（1）英国工程造价的计价模式　英国是国际上实行工程造价管理最早的国家之一，其组织管理体系亦较完整。在英国，确定工程造价实行统一的工程量计算规则、相关造价信息指数和通用合同文本，进行自主报价，依据合同确定价格。英国的 QS（工料测量）学会通常采用比较法、系数法计价等计价方法；承包商则建立起自己的成本库（信息数据库）、定额库等进行风险估计、综合报价。

（2）美国工程造价的计价模式　美国对规范造价的管理，体现出高度的市场化和信息化。美国自身并没有统一的计价依据和计价标准，计价体系靠高度的信息化造价信息网络支撑，据此确定的工程造价是典型的市场化价格。即由各地区咨询公司制定本地区的单位建筑面积消耗量、基价等信息，提供给业内人士使用，政府也定期发布相关的造价信息，用以实施宏观调控。

在美国，通常将工程造价称为"建设工程成本"。美国工程造价工程师协会

（AACE）将工程成本分为两部分。其一由设计范围内涉及的费用构成，通常称为"造价估算"。如勘察设计费、人工、材料和机械费用等；其二是业主方涉及的费用，通常称为"工程预算"。如场地使用费、现金的筹措费、执照费、保险费等。确定工程造价一般由设计单位或工程估价公司承担。在工程估价中不仅要对工程项目进行风险评估，而且还要贯彻"全面造价管理"（TCM）的思想。在工程施工中，根据工程特点对项目进行 WBS 分解并编制详细的成本控制计划进行造价控制。

（3）日本工程造价的计价模式　日本的工程造价管理具有三大特点，即行业化、系统化和规范化。日本在昭和五十年（1945 年）民间就成立了"建筑积算事物所协会"，对工程造价实行行业化管理；20 世纪 90 年代，政府有关部门认可积算协会举办的全国统考，并对通过考试的人员授予"国家建筑积算师"资格；日本对工程造价的管理拥有完整的法规、规章以及标准化体系，工程造价通常采取招标方式与合同方式确定，对其实行规范化管理。

相关知识

定额计价与工程量清单计价的区别

（1）编制工程量的单位不同　传统定额预算计价办法是：建设工程的工程量分别由招标单位和投标单位分别按图计算。工程量清单计价是：工程量由招标单位统一计算或委托有工程造价咨询资质单位统一计算，"工程量清单"是招标文件的重要组成部分，各投标单位根据招标人提供的"工程量清单"，根据自身的技术装备、施工经验、企业成本、企业定额、管理水平自主填写报单价。

（2）编制工程量清单时间不同　传统的定额预算计价法是在发出招标文件后编制（招标与投标人同时编制或投标人编制在前，招标人编制在后）。工程量清单报价法必须在发出招标文件前编制。

（3）表现形式不同　采用传统的定额预算计价法一般是总价形式。工程量清单报价法采用综合单价形式，综合单价包括人工费、材料费、机械使用费、管理费、利润，并考虑风险因素。工程量清单报价具有直观、单价相对固定的特点，工程量发生变化时，单价一般不作调整。

（4）编制依据不同　传统的定额预算计价法依据图纸；人工、材料、机械台班消耗量依据建设行政主管部门颁发的预算定额；人工、材料、机械台班单价依据工程造价管理部门发布的价格信息进行计算。工程量清单报价法，根据住房和城乡建设部第 16 号令规定，标底的编制根据招标文件中的工程量清单和有关要求、施工现场情况、合理的施工方法以及按建设行政主管部门制定的有关工程造价计价办法编制。企业的投标报价则根据企业定额和市场价格信息，或参照建设行政主管部门发布的社会平均消耗量定额编制。

（5）费用组成不同　传统预算定额计价法：工程造价由直接工程费、措施费、间接费、利润、税金组成。工程量清单计价法：工程造价包括分部分项工程费、措施项目费、其他项目费、规费、税金；包括完成每项工程包含的全部工程内容的费用；包括完成每项工程内容所需的费用（规费、税金除外）；包括工程量清单中没有体现的，施工中又必须发生的工程内容所需费用，包括风险因素而增加的费用。

（6）评标所用的方法不同 传统预算定额计价投标一般采用百分制评分法。采用工程量清单计价法投标一般采用合理低报价中标法，既要对总价进行评分，还要对综合单价进行分析评分。

（7）项目编码不同 采用传统的预算定额项目编码，全国各省市采用不同的定额子目，采用工程量清单计价全国实行统一编码，项目编码采用十二位阿拉伯数字表示。一到九位为统一编码，其中，一、二位为附录顺序码，三、四位为专业工程顺序码，五、六位为分部工程顺序码。七、八、九位为分项工程项目名称顺序码，十到十二位为清单项目名称顺序码。前九位码不能变动，后三位码，由清单编制人根据项目设置的清单项目编制。

（8）合同价调整方式不同 传统的定额预算计价合同价调整方式有：变更签证、定额解释、政策性调整。工程量清单计价法合同价调整方式主要是索赔。工程量清单的综合单价一般通过招标中报价的形式体现，一旦中标，报价作为签订施工合同的依据相对固定下来，工程结算按承包商实际完成工程量乘以清单中相应的单价计算。减少了调整活口。采用传统的预算定额经常有定额解释及定额规定，结算中又有政策性文件调整。工程量清单计价单价不能随意调整。

（9）工程量计算时间前置 工程量清单，在招标前由招标人编制。也可能业主为了缩短建设周期，通常在初步设计完成后就开始施工招标，在不影响施工进度的前提下陆续发放施工图纸，因此承包商据以报价的工程量清单中各项工作内容下的工程量一般为概算工程量。

（10）投标计算口径达到了统一 因为各投标单位都根据统一的工程量清单报价，达到了投标计算口径统一。不再是传统预算定额招标，各投标单位各自计算工程量，各投标单位计算的工程量均不一致。

（11）索赔事件增加 因承包商对工程量清单单价包含的工作内容一目了然，故凡建设方不按清单内容施工的，任意要求修改清单的，都会增加施工索赔的因素。

第2章
电气工程定额计价

第1节 定额概述

要点

定额是在正常的施工生产条件下，完成单位合格产品所必需的人工、材料、施工机械设备及其资金消耗的数量标准。它不仅反映了一定时期内的社会生产力水平，同时也是编制预算和确定工程造价的标准。掌握定额知识，是成为一名优秀的造价人员必不可少的。

解 释

一、定额的分类

1. 按照生产要素分类

生产要素主要包括劳动者、劳动手段和劳动对象，反映其消耗的定额分为劳动消耗定额、机械消耗定额和材料消耗定额三种。

（1）劳动消耗定额，简称劳动定额　在各类定额中，劳动消耗定额都是其中重要的组成部分。劳动消耗定额是完成一定的合格产品（工程实体或劳务）规定活劳动消耗的数量标准。为了便于综合与核算，劳动定额多采用工作时间消耗量来计算劳动消耗量。因此，劳动定额主要的表现形式是时间定额的形式。但为了便于组织施工，也同时采用产量定额的形式来表示劳动定额。

（2）机械消耗定额（简称机械定额）　它和劳动消耗定额一样，在多种定额中，机械消耗定额都是其中的组成部分。机械消耗定额是指为完成一定合格产品（工程实体或劳务）所规定的施工机械消耗的数量标准。机械消耗定额的表现形式有机械时间定额和机械产量定额。

（3）材料消耗定额（简称材料定额）　材料消耗定额是指完成一定合格产品所需消耗材料的数量标准。这里所说的材料是工程建设中使用的各类原材料、成品、半成品、构配件、燃料以及水、电等动力资源的总称。材料作为劳动对象是构成工程实体的物资。生产一定的建筑产品，必须消耗一定数量的材料，因此，材料消耗定额亦是各类定额的重要组成部分。

2. 按照编制程序和用途分类

可以把工程定额分为工序定额、施工定额、预算定额、概算定额、概算指标和估算指标等。

（1）工序定额　是以个别工序为标定对象而编制的，是组成定额的基础。例如钢筋制作过程可以分别标定出调直、剪切、弯曲等工序定额。工序定额比较细碎，一般只用作编制个别工序的施工任务单，很少直接用于施工。

（2）施工定额　它是以同一性质的施工过程为标定对象、规定某种建筑产品的劳动消耗量、机械工作时间消耗和材料消耗量。施工定额是建筑企业内部使用的生产定额，用以编制施工作业计划，编制施工预算、施工组织设计，签发任务单与限额领料单、考核劳动生产率和进行成本核算。施工定额也是编制预算定额的基础。

（3）预算定额　是以各分部分项工程为单位编制的，定额中包括所需人工工日数、各种材料的消耗量和机械台班数量，一般列有相应地区的基价，是计价性的定额。预算定额是以施工定额为基础编制的，它是施工定额的综合和扩大，用以编制施工图预算、确定建筑工程的预算造价，是编制施工组织设计、施工技术财务计划和工程竣工决算的依据。同时，预算定额又是编制概算定额和概算指标的基础。

（4）概算定额　是以扩大结构构件、分部工程或扩大分项工程为单位编制的，它包括人工、材料和机械台班消耗量，并列有工程费用，也是属于计价性的定额。概算定额是以预算定额为基础编制的，它是预算定额的综合和扩大。它用以编制概算，是进行设计方案技术经济比较的依据；也可以用作编制施工组织设计时确定劳动力、材料、机械台班需要量的依据。

（5）概算指标　是比概算定额更为综合的指标。是以整个房屋或构筑物为单位编制的，包括劳动力、材料和机械台班定额三个部分，还列出了各结构部分的工程量和以每百平方米建筑面积或每座构筑物体积为计量单位而规定的造价指标。概算指标是初步设计阶段编制概算，确定工程造价的依据，是编制年度施工技术财务计划的依据；是进行技术经济分析，衡量设计水平，考核建设成本的标准；是企业编制劳动力、材料计划、确定施工方案、实行经济核算的依据。

（6）投资估算指标　是在项目建议书和可行性研究阶段编制投资估算、计算投资需要量时使用的一种定额。往往以独立的单项工程或完整的工程项目为计算对象。它的概略程度与可行性研究阶段相适应。投资估算指标往往根据历史的预算、决算资料和价格变动等资料编制，但其编制基础仍然离不开预算定额、概算定额。

3. 按主编单位和管理权限分类

工程定额可分为全国统一定额、行业统一定额、地区统一定额、企业定额和补充定额5种。

（1）全国统一定额　是由国家建设行政主管部门，综合全国工程建设中技术和施工组织管理的情况编制，并在全国范围内执行的定额，如全国统一安装工程定额。

（2）行业统一定额　是考虑到各行业部门专业工程技术特点，以及施工生产和管理水平编制的。一般是只在本行业和相同专业性质的范围内使用的专业定额，如矿井建设工程定额，铁路建设工程定额。

（3）地区统一定额　包括省、自治区、直辖市定额，地区统一定额主要是考虑地区性特点和全国统一定额水平做适当调整补充编制的。

（4）企业定额　是指由施工企业考虑本企业具体情况，参照国家、部门或地区定额的水平制定的定额。企业定额只在企业内部使用，是企业素质的一个标志。企业定额水平一般应高于国家现行定额，才能满足生产技术发展、企业管理和市场竞争的需要。

（5）补充定额　是指随着设计、施工技术的发展，现行定额不能满足需要的情况下，为了补充缺项所编制的定额。补充定额只能在指定的范围内使用，可作为以后修订定额的基础。

4. 按专业性质分类

工程定额可分为建筑工程定额、安装工程定额和其他专业定额等。

（1）建筑工程定额，是建筑工程的施工定额、预算定额、概算定额和概算指标的统称。建筑工程，一般理解为房屋和构筑物工程。具体包括一般土建工程、电气工程（动力、照明、弱电）、卫生技术（水暖、通风）工程、工业管道工程、特殊构筑物工程等。广义上它也被理解为除房屋和构筑物外还包含其他各类工程，如道路、铁路、堤坝、港口、桥梁、隧道、运河、电站、机场等工程。

（2）设备安装工程定额，是安装工程施工定额、预算定额、概算定额和概算指标的统称。设备安装工程是对需要安装的设备进行定位、组合、校正、调试等工作的工程。在工业项目中，机械设备安装和电气设备安装工程占有重要地位。因为生产设备大多要安装后才能运转，不需要安装的设备很少。在非生产性的建设项目中，由于社会生活和城市设施的日益现代化，设备安装工程量也在不断增加。所以设备安装工程定额也是工程建设定额中的重要部分。

设备安装工程定额和建筑工程定额是两种不同类型的定额。一般都要分别编制，各自独立。但是设备安装工程和建筑工程是单项工程的两个有机组成部分，在施工中有时间连续性，也有作业的搭接和交叉，需要统一安排，互相协调，在这个意义上通常把建筑和安装工程作为一个施工过程来看待，即建筑安装工程。所以在通用定额中有时把建筑工程定额和安装工程定额合二而一，称为建筑安装工程定额。

（3）其他专业定额，例如公路工程定额、园林工程定额、铁路工程定额、市政工程定额等等。

5. 按适用范围分类

工程定额可分为全国通用定额、行业通用定额和专业专用定额。

① 全国通用定额是指在部门间和地区间都可以使用的定额。

② 行业通用定额是指具有专业特点在行业部门内可以通用的定额。

③ 专业专用定额是指特殊专业的定额，只能在指定的范围内使用。

6. 按费用性质分类

按费用性质分类，可分为直接费定额、间接费定额、工器具定额、工程建设其他费用定额等。

（1）直接费定额　是指预算定额分项内容以内的，计算与建筑安装生产有直接关系的费用标准。

（2）间接费定额　是指与建筑安装施工生产的个别产品无关，而为企业生产全部产品所必需，为维持企业的经营管理活动所必需发生的各项费用开支的标准。由于间接费中许多费用的发生和施工任务的大小没有直接关系，因此，通过间接费定额的管理，有效地控制间接费的发生是十分必要的。

（3）工器具定额　是为新建或扩建项目投产运转首次配置的工、器具数量标准。工具和器具，是指按照有关规定不够固定资产标准而起劳动手段作用的工具、器具和生产用家具，如翻砂用模型、工具箱、计量器、容器、仪器等。

（4）工程建设其他费用定额　是独立于建筑安装工程、设备和工器具购置之外的其他费用开支的标准。工程建设的其他费用的发生和整个项目的建设密切相关。它一般要占项目总投资的10%左右。其他费用定额是按各项独立费用分别制定的，以便合理控制这些费用的开支。

二、定额的特点

1. 权威性

工程建设定额具有很大权威，这种权威在一些情况下具有经济法规性质。权威性反映统一的意志和统一的要求，也反映信誉和信赖程度以及定额的严肃性。

工程建设定额权威性的客观基础是定额的科学性。只有科学的定额才具有权威。但是在市场经济条件下，它必然涉及各有关方面的经济关系和利益关系。赋予工程建设定额以一定的权威性，意味着在规定的范围内，对于定额的使用者和执行者来说，不论主观上愿意不愿意，都必须按定额的规定执行。在市场不规范的情况下，赋予工程建设定额以权威性是十分重要的。但是在竞争机制引入工程建设的情况下，定额的水平必然会受市场供求状况的影响，从而在执行中可能产生定额水平的浮动。

应该指出的是，在市场经济条件下，对定额的权威性不应该绝对化。定额毕竟是主观对客观的反映，定额的科学性会受到人们认识的局限。与此相关，定额的权威性也就会受到削弱核心的挑战。更为重要的是，随着投资体制的改革和投资主体多元化格局的形成，随着企业经营机制的转换，它们都可以根据市场的变化和自身的情况，自主地调整决策行为。因此，一些与经营决策有关的工程建设定额的权威性特征就弱化了。

2. 科学性

工程建设定额的科学性首先表现在定额是在认真研究客观规律的基础上，自觉地遵守客观规律的要求，实事求是地制定的。因此，它能正确地反映单位产品生产所必需的劳动量，从而以最少的劳动消耗而取得最大的经济效果，促进劳动生产率的不断提高。

定额的科学性还表现在制定定额所采用的方法上，通过不断吸收现代科学技术的新成就，不断完善，形成一套严密的确定定额水平的科学方法。这些方法不仅在实践中行之有效，而且还有利于研究建筑产品生产过程中的工时利用情况，从中找出影响劳动消耗的各种主客观因素，设计出合理的施工组织方案，挖掘生产潜力，提高企业管理水平，减少乃至杜绝生产中的浪费现象，促进生产的不断发展。

3. 统一性

工程建设定额的统一性，主要是由国家对经济发展的有计划的宏观调控职能决定的。为了使国民经济按照既定的目标发展，就需要借助于某些标准、定额、参数等，对工程建设进行规划、组织、调节、控制。而这些标准、定额、参数必须在一定的范围内是一种统一的尺度，才能实现上述职能，才能利用它对项目的决策、设计方案、投标报价、成本控制进行比选和评价。

我国工程建设定额的统一性和工程建设本身的巨大投入和巨大产出有关。它对国民经济的影响不仅表现在投资的总规模和全部建设项目的投资效益等方面，而且往往还表现在具体建设项目的投资数额及其投资效益方面。因而需要借助统一的工程建设定额进行社会监督。这一点和工业生产、农业生产中的工时定额、原材料定额也是不同的。

4. 稳定性与时效性

工程建设定额中的任何一种都是一定时期技术发展和管理水平的反映，因而在一段时间内都表现出稳定的状态。稳定的时间有长有短，一般在 5～10 年之间。保持定额的稳定性是维护定额的权威性所必需的，更是有效的贯彻定额所必要的。如果某种定额处于经常修改变动之中，那么必然造成执行中的困难和混乱，使人们感到没有必要去认真对待它，很容易导致定额权威性的丧失。工程建设定额的不稳定也会给定额的编制带来极大的困难。

工程建设定额的稳定性是相对的。当生产力向前发展了，定额就会与已经发展了的生产力不相适应。这样，它原有的作用就会逐步减弱以至消失，需要重新编制或修订。

5. 系统性

工程建设定额是相对独立的系统。它是由多种定额结合而成的有机整体。它的结构复杂，有鲜明的层次，有明确的目标。

工程建设定额的系统性是由工程建设的特点决定的。按照系统论的观点，工程建设就是庞大的实体系统。工程建设定额是为这个实体系统服务的。因而工程建设本身的多种类、多层次就决定了以它为服务对象的工程建设定额的多种类、多层次。从整个国民经济来看，进行固定资产生产和再生产的工程建设，是一个有多项工程集合体的整体。其中包括农林水利、轻工纺织、机械、煤炭、电力、石油、冶金、化工、建材工业、交通运输、邮电工程，以及商业物资、科学教育文化、卫生体育、社会福利和住宅工程等。这些工程的建设都有严格的项目划分，如建设项目、单项工程、单位工程、分部分项工程；在计划和实施过程中有严密的逻辑阶段，如规划、可行性研究、设计、施工、竣工交付使用，以及投入使用后的维修。与此相适应必然形成工程建设定额的多种类、多层次。

三、定额的作用

在工程建设和企业管理中，确定和执行先进合理的定额是技术和经济管理工作中的重要一环。在工程项目的计划、设计和施工中，定额具有以下几方面的作用。

（1）定额是编制计划的基础　工程建设活动需要编制各种计划来组织与指导生产，而计划编制中又需要各种定额来作为计算人力、物力、财力等资源需要量的依据。定额是编制计划的重要基础。

（2）定额是确定工程造价的依据和评价设计方案经济合理性的尺度　工程造价是根据设计规定的工程规模、工程数量及相应需要的劳动力、材料、机械设备消耗量及其他必须消耗的资金确定的。其中，劳动力、材料、机械设备的消耗量也是根据定额计算出来的，定额是确定工程造价的依据。同时，建设项目投资的大小又反映了各种不同设计方案技术经济水平的高低。因此，定额又是比较和评价设计方案经济合理性的尺度。

（3）定额是组织和管理施工的工具。建筑企业要计算、平衡资源需要量、组织材料供应、调配劳动力、签发任务单、组织劳动竞赛、调动人的积极因素、考核工程消耗和劳动生产率、贯彻按劳分配工资制度、计算工人报酬等，都要利用定额，因此，从组织施工和管理生产的角度来说，企业定额又是建筑企业组织和管理施工的工具。

（4）定额是总结先进生产方法的一种手段。定额是在平均先进的条件下，通过对生产流程的观察、分析、综合等过程制定的，它可以最严格地反映出生产技术和劳动组织的先进合理程度。因此，我们就可以以定额方法为手段，对同一产品在同一操作条件下的不同生产方法进行观察、分析和总结，从而得到一套比较完整的、优良的生产方法，作为生产中推广的范例。

由此可见，定额是实现工程项目，确定人力、物力和财力等资源需要量，有计划地组织生产，提高劳动生产率，降低工程造价，完成和超额完成计划的重要技术经济工具，是工程管理和企业管理的基础。

☙ 相关知识 ❧

定额的产生与发展

定额产生于 19 世纪末企业管理科学的发展初期。当时，高速度的工业发展与低水平的劳动生产率相矛盾。虽然科学技术发展很快，机器设备先进，但在管理上仍然沿用传统的经验方法，生产效率低、生产能力得不到充分发挥，阻碍了社会经济的进一步发展和繁荣，而且也不利于资本家赚取更多的利润。改善管理成了生产发展的迫切要求。在此背景下，美国工程师泰勒（F. W. Taylor，1856～1915）制定出工时定额，以提高工人的劳动效率。他为了减少工时消耗，研究改进生产工具与设备，并提出一整套科学管理的方法，这就是著名的"泰勒制"。泰勒提倡科学管理，主要着眼于提高劳动生产率，提高工人的劳动效率。他突破了当时传统管理方法的羁绊，通过科学试验，对工作时间利用进行细致的研究，制定出标准的操作方法；通过对工人进行训练，要求工人改变原来习惯的操作方法，取消那些不必要的操作程序，并且在此基础上制定出较高的工时定额，用工时定额评价工人工作的好坏；为了使工人能达到定额，大大提高工作效率，又制定了工具、机器、材料和作业环境的"标准化原理"；为了鼓励工人努力完成定额，还制定了一种有差别的计件工资制度。如果工人能完成定额，就采用较高的工资率，如果工人完不成定额，就采用较低的工资率，以刺激工人为多拿 60％或者更多的工资去努力工作，去适应标准操作方法的要求。

"泰勒制"是以科学方法来研究分析工人劳动中的操作和动作，从而制定最节约的工作时间——工时定额。"泰勒制"给企业管理带来了根本性变革，对提高劳动效率做出了显著的贡献。

在我国古代工程中，亦很重视工料消耗计算，并形成了许多则例。如果说长时期人们生产中积累的丰富经验是定额产生的土壤，这些则例则可看作是工料定额的原始形态。我国北宋著名的土木建筑家李诫编修的《营造法式》，成书于公元 1100 年，它是土木建筑工程技术的巨著，也是工料计算方面的巨著。《营造法式》共三十四卷，分为释名、各作制度、功限、料例和图样五个部分。其中，第十六卷至二十五卷是各工种计算用工量的规定；第二十六卷至二十八卷是各工种计算用料的规定。这些关于算工算料的规定，可以看作是古代的工料定额。清工部《工程做法则例》中，也有许多内容是说明工料计算方法的，甚至可以说它主要是一部算工算料的书。直到今天《仿古建筑及园林工程预算定额》仍将这些则例等技术文献作为编制依据之一。

1949 年以后，国家十分重视建设工程定额的制定与管理工作。从发展的过程来看，我国的定额制定与管理工作大体上可分为五个阶段。

1. 第一阶段

1950～1957 年（第一阶段），是与计划经济相适应的概预算定额制度建立时期。1949 年后，全国面临着大规模的恢复重建工作，特别是实施第一个五年计划后，为合理确定工程造价，用好有限的基本建设资金，引进了前苏联一套概预算定额管理制度，同时也为新组建的国营建筑施工企业建立企业管理制度。1957 年颁布的《关于编制工业与民用建设预算的若干规定》规定各不同设计阶段都应编制概算和预算，明确了概预算的作用。在此之前国务院和国家建设委员会还先后颁布了《基本建设工程设计和预算文件审核批准暂行办法》、《工业与民用建设设计及预算编制暂行办法》、《工业与民用建设预算编制暂行细则》等文件。这些文件的颁布，建立健全了概预算工作制度，确立了概预算在基本建设工作中的地位，同时对概预算的编制原则、内容、方法和审批、修正办法程序等作了规定，确立了对概预算编制依据实行集中管理为主的分级管理原则。为加强概预算的管理工作，先后成立了标准定额司（处），1956 年又单独成立建筑经济局。同时，各地分支定额管理机构也相继成立。

2. 第二阶段

1958～1966 年（第二阶段），是概预算定额管理逐渐被削弱的阶段。1958 开始，预算与定额管理权限全部下放，1958 年 6 月，基本建设预算编制办法、建筑工程预算定额和间接费用定额交各省、自治区、直辖市负责管理，其中有关专性的定额由中央各部负责修订、补充和管理，造成现在全国工程量计量规则和定额项目在各地区不统一的现象。各级基建管理机构的概预算部门被精简，设计及概预算人员减少，概预算控制投资作用被削弱。尽管在短时期内也有过重整定额管理的迹象，但总的趋势并未改变。

3. 第三阶段

1966～1976 年（第三阶段），是概预算定额管理工作遭到严重破坏的阶段。概预算和定额管理机构被撤销，预算人员改行，大量基础资料被销毁，定额被说成是"管、卡、压"的工具。造成设计无概算，施工无预算，竣工无决算，投资大敞口，吃大锅饭。1967 年，原建工部直属企业实行经常费制度。工程完工后向建设单位实报实销，从而使施工企业变成了行政事业单位，这一制度实行 6 年，于 1973 年 1 月 1 日被迫停止，恢复建设单位与施工单位施工图预算结算制度。1973 年制订了《关于基本建设概算管理办法》，但并未能施行。

4. 第四阶段

1976 年至 90 年代初（第四阶段），是造价管理工作整顿和发展的时期。1976 年，随着国家经济中心的转移，为恢复与重建造价管理制度提供了良好的条件。1977 年起，国家恢复重建造价管理机构，至 1983 年 8 月成立基本建设标准定额局，组织制定工程建设概预算定额、费用标准及工作制度。概预算定额统一归口，1988 年划归建设部，成立标准定额司，各省市、各部委建立了定额管理站，全国颁布一系列推动概预算管理和定额管理发展的文件，并颁布几十项预算定额、概算定额、估算指标，这些做法，特别是在 80 年代后期，中国建设工程造价管理协会成立，全过程工程造价管理概念逐渐为广大造价管理人员所接受，对推动建筑业改革起到了促进作用。

5. 第五阶段

到 20 世纪 90 年代初（第五阶段），随着市场经济体制的建立，我国在工程施工发包与承包中开始初步实行招投标制度，但无论是业主编制标底，还是施工企业投标报价，在计价的规则上也还都没有超出定额规定的范畴。招投标制度本来引入的是竞争机制，可是因为定额的限制，因此也谈不上竞争。

近年来，我国市场化经济已经基本形成，建设工程投资多元化的趋势已经出现。在经济成分中不仅包含了国有经济、集体经济，私有经济、股份经济等也纷纷把资金投入建筑市场。企业作为市场的主体，必须是价格决策的主体，并应根据其自身的生产经营状况和市场供求关系决定其产品价格。这就要求企业必须具有充分的定价自主权，再用过去那种单一的、僵化的、一成不变的定额计价方式已不适应市场化经济发展的需要了。

传统定额模式对招投标工作的影响也是十分明显的。工程造价管理方式还不能完全适应招投标的要求。工程造价管理方式上存在的主要问题如下。

① 定额的指令性过强、指导性不足，反映在具体表现形式上主要是施工手段消耗部分统得过死，把企业的技术装备、施工手段、管理水平等本属竞争内容的活跃因素固定化了，不利于竞争机制的发挥。

② 量、价合一的定额表现形式不适应市场经济对工程造价实施动态管理的要求，难以就人工、材料、机械等价格的变化适时调整工程造价。

③ 缺乏全国统一的基础定额和计价办法，地区和部门自成体系，且地区间、部门间同样项目定额水平悬殊，不利于全国统一市场的形成。

④ 适应编制标底和报价要求的基础定额尚待制订。一直使用的概算指标和预算定

额都有其自身适用范围。概算指标，项目划分比较粗，只适用于初步设计阶段编制设计概算；预算定额，子目和各种系数过多，目前用它来编制标底和报价反映出来的问题是工作量大、进度迟缓。

⑤ 各种取费计算繁琐，取费基础也不统一。长期以来，我国发承包计价、定价是以工程预算定额作为主要依据的。1992 年为了适应建设市场改革的要求，针对工程预算定额编制和使用中存在的问题，建设部提出了"控制量、指导价、竞争费"的改革措施，将工程预算定额中的人工、材料、机械台班的消耗量和相应的单价分离，这一措施在我国实行市场经济初期起到了积极的作用。但随着建设市场化进程的发展，这种做法难以改变工程预算定额中国家指令性的状况，不能准确地反映各个企业的实际消耗量，不能全面地体现企业技术装备水平、管理水平和劳动生产率。为了适应目前工程招投标竞争由市场形成工程造价的需要，对现行工程计价方法和工程预算定额进行改革已势在必行。实行国际通行的工程量清单计价能够反映出工程的个别成本，有利于企业自主报价和公平竞争。

第 2 节 施 工 定 额

∽∾ 要 点 ∽∾

施工定额是以同一性质的施工过程为测定对象，以工序定额为基础，在正常施工条件下，建筑安装工人或班组完成某项建设工程所消耗的人工、材料和机械台班的数量标准。施工定额是建筑安装施工企业进行科学管理的基础，是编制施工预算实行内部经济核算的依据，它是一种企业内部使用的定额。

∽∾ 解 释 ∽∾

一、施工定额的编制原则

施工定额能否得到广泛的使用，主要取决于定额的质量和水平及项目的划分是否简明适用。为了保证定额的编制质量，必须贯彻下列原则。

1. 确定施工定额水平要贯彻先进合理的原则

所谓定额水平，是指规定消耗在单位产品上劳动力、机械和材料的数量多少，水平高低。定额水平和劳动生产率的水平成正比。劳动生产率高，单位产品上劳动力、机械和材料消耗少，定额水平就高，反之，定额水平就低。所以定额水平直接反映劳动生产率的水平。施工定额不同于预算定额、综合预算定额和概算定额，它是一种企业内部使用的定额。因此，确定定额的水平，应该有利于提高劳动生产率、降低材料消耗；有利于正确地考核和评价工人的劳动成果；有利于加强施工管理。这就决定施工定额的水平既不能以少数先进企业、先进生产者所达到的水平为依据，更不能以落后的生产者和企业的水平为依据，而应该采用先进合理的水平。

所谓先进合理的水平，就是在正常条件下，多数工人和多数施工企业能够达到和超过的水平。它低于先进水平略高于平均水平，少数落后企业和生产者，如果不经过努力则不能达到。先进合理的定额水平既要反映先进水平，反映已成熟并得到推广的先进技术和先进经验，又要从实际出发，认真分析各种有利和不利因素，做到合理可行。实践证明，施工定额水平过高，多数企业和多数生产者达不到，势必要挫伤其生产积极性和主营管理的积极性，甚至还会不合理地减少工人的劳动报酬。如果定额水平过低，企业和工人不经努力就能出现大幅度超额的现象，也就起不到鼓励和调动其生产积极性的作用。

2. 施工定额的内容和形式要贯彻简明适用的原则

定额在内容和形式上既要具有多方面的适应性，能够满足不同用途的需要，又要简单明了，易于掌握，便于利用。

贯彻定额的简明适用性原则，要特别注意项目的齐全与粗细的恰当。定额的项目是否齐全，对定额是否适用关系很大。定额分项要考虑充分，项目要根据施工过程来划分。施工定额应为所有的各种不同性质的施工过程规定出定额指标。特别是那些主要的、常有的施工过程，都必须直接反映在各个定额项目中，以便在需要时能及时查找到它们的劳动力、机械和材料消耗量。

为使定额项目齐全，首先要积极把已经成熟和推广的新结构、新材料和新的施工技术编到定额中来；其次，对缺漏项目要注意积累资料、组织测定，尽快补充到定额项目中来；此外，淘汰定额项目要慎重。对于那些已经过时，在实际中已不采用的结构、材料和施工工艺，应予淘汰。但对那些虽已过时、落后，在实际中尚有采用的结构、材料和施工技术，则还应暂时保留其定额项目。

施工定额的项目划分要粗细恰当、步距合理。确定定额的粗细程度，是贯彻简明适用原则的核心问题。一般说来定额项目划分粗些比较简明，但精确程度较低；定额项目划分细些，精确程度虽较高，但又较复杂。原则上讲，定额的项目划分应做到粗而精确，细而不繁。但施工定额是企业内部使用的定额，要满足编制施工作业计划、签发施工任务书、计算工人劳动报酬等要求，项目划分必须以工种工序为基础适当综合，项目划分粗细适当。

贯彻简明适用原则，还要注意计量单位的选择、系数的利用和说明附注的设计。

3. 在编制施工定额的方法上要贯彻专群结合，以专业人员为主的原则

编制施工定额是一项专业性很强的技术经济工作，同时也是一项政策性很强的工作。它要求参加定额编制工作的人员具有丰富的技术知识和管理工作经验，并需有专门的机构来进行大量的组织工作和协调指挥。因此，编制施工定额必须有专门的组织机构和专职人员，掌握方针政策，做经常性的定额资料积累工作、技术测定工作、整理和分析资料工作、拟定定额方案的工作、广泛征求群众意见的工作，以及组织出版发行工作等。

而广大工人是社会生产力的创造者，也是施工定额的执行者。他们对施工生产中的劳动消耗情况最了解，对定额执行情况和执行中的问题也最了解。所以在编制施工定额过程中，要广泛征求工人群众的意见，自始至终注意发扬工人群众在编制定额中的民主权利，注意取得工人群众的密切配合和支持。

贯彻专群结合以专为主的原则，是定额质量的组织保证。不以专业机构和专业人员为主编制定额，实际就取消了定额和定额管理，没有工人群众参加和配合，定额就没有群众基础，在实际工作中就很难贯彻。

二、施工定额的编制依据

① 现行施工验收规范，技术安全操作规程和有关标准图集。

② 全国建筑安装工程统一劳动定额。

③ 现行材料消耗定额。

④ 机械台班使用定额。

⑤ 现行建筑安装工程预算定额。

三、劳动定额

劳动定额也称为人工定额。它是表示建筑安装工人劳动生产率的一个先进合理的指标，反映的是建筑安装工人劳动生产率的社会平均先进水平，是施工定额的重要组成部分。

劳动定额按其表现形式的不同，可分为时间定额和产量定额。

1. 时间定额

时间定额是指某种专业、某种技术等级的工作班组或个人，在合理的劳动组织、合理的使用材料以及施工机械同时配合的条件下，完成单位合格产品所必需消耗的工作时间。包括准备与结束时间、基本工作时间、辅助工作时间、不可避免的中断时间以及工人必需的休息时间等。

时间定额的计量单位，一般以完成单位产品所消耗的工日来表示。如：工日/m^3，每一工作日按 8 小时计算。一般可按式(2-1) 或式(2-2) 进行计算。

$$个人完成单位产品的时间定额＝\frac{1}{每工产量}（工日） \tag{2-1}$$

或

$$小组完成单位产品的时间定额＝\frac{小组成员工日数总和}{小组台班产量}（工日） \tag{2-2}$$

2. 产量定额

产量定额是指在合理的劳动组织、合理的使用材料以及施工机械同时配合的条件下，某种专业、某种技术等级的工人班组或个人，在单位时间内所完成的质量合格产品的数量。产量定额的计量单位，一般以产品的计量单位和工日来表示，如 m^3/工日。一般可按式(2-3) 或式(2-4) 进行计算：

$$每工产量＝\frac{1}{个人完成单位产品的时间定额} \tag{2-3}$$

或

$$台班产量＝\frac{小组成员工日数总和}{小组完成单位产品的时间定额} \tag{2-4}$$

从时间定额和产量定额的计算公式可以看出，个人完成的时间定额和产量定额之间互为倒数关系。时间定额降低，则产量定额提高；反之，时间定额提高，则产量定额降低。

$$时间定额 = \frac{1}{产量定额} \tag{2-5}$$

$$产量定额 = \frac{1}{时间定额} \tag{2-6}$$

$$时间定额 \times 产量定额 = 1 \tag{2-7}$$

但是，对小组完成的时间定额和产量定额，二者就不是通常所说的倒数关系。此时，时间定额与产量定额之积，在数值上恰好等于小组成员数。即：

$$时间定额 \times 产量定额 = 小组成员数 \tag{2-8}$$

3. 时间定额和产量定额的用途

时间定额和产量定额虽是同一劳动定额的不同表现形式，但其用途却不相同。前者是以产品的单位和工日来表示，便于计算完成某一分部（项）工程所需要的总工日数，核算工资，编制施工进度计划和计算工期；而后者是以单位时间内完成产品的数量表示的，便于小组分配施工任务、考核工人的劳动效率和签发施工任务单。

四、建筑材料消耗定额

1. 建筑材料消耗定额的概念

建筑材料是建筑安装企业施工过程中的劳动对象，经过加工以后，它改变了原有的实物形态，构成工程（产品）的实体，它的价值也随着实物的消耗，一次全部地转移到工程中去，构成工程（产品）成本的组成部分。在建筑安装工程成本中，材料消耗占较大比例。因此，加强建筑材料消耗定额的管理工作，降低材料消耗，实行经济核算，具有十分重要的现实意义。

在正常施工条件下，完成单位合格产品所必需消耗的材料和半成品（如构件和配件等）的数量标准，称为材料消耗定额。

材料消耗定额，包括净用量（消耗在建筑产品实体上的材料用量）和必要的损耗量。

$$损耗率 = \frac{损耗量}{总消耗量} \times 100 \tag{2-9}$$

$$净用量 = 总消耗量 - 损耗量 \tag{2-10}$$

$$总耗量 = \frac{净用量}{1 - 损耗率} \tag{2-11}$$

2. 材料消耗定额的确定方法

材料消耗定额的确定方法有四种：现场技术测定法、实验室试验法、现场统计法和理论计算法。

（1）现场技术测定法　是在现场对施工过程进行观察，记录产品的完成数量、材料的消耗数量以及作业方法等具体情况，通过分析与计算，来确定材料消耗指标的方法。

现场技术测定法所选择的对象，应具备下述条件。

① 建筑工程具有代表性。②施工符合《施工及验收规范》。③材料规格和质量，符合设计要求。④正常生产状态。

（2）实验室试验法　是指在试验室，通过专门的设备和仪器，确定材料消耗定额的一种方法。如混凝土、沥青、砂浆和油漆等，适于试验室条件下进行试验。也有些材料，是不适于在试验室里进行试验的。在试验室里进行试验的缺点是，无法实现现场对材料消耗施工增加的影响。

（3）现场统计法　根据作业开始时拨给分部分项工程的材料数量和完工后退回的数量进行材料消耗计算的方法，称为现场统计法。现场统计法的数字，准确程度差，应该结合施工过程的记录，经过分析研究后，确定材料消耗指标。

（4）理论计算法　有些建筑材料，可以根据施工图所标明的材料及构造，结合理论公式计算消耗量。如红砖、型钢、玻璃等，都可以通过计算求出消耗量。

五、机械台班使用定额

机械台班使用定额也称为机械台班定额。是指在正常施工的条件下，在合理的劳动组织和合理使用施工机械的前提下，由技术熟练的工人操纵机械，完成单位合格产品所必需消耗的定额时间。包括有效工作时间、工人必需的休息时间、与操作机械本身有关的不可避免的中断时间和空转时间等。

机械台班使用定额以台班或工日为计量单位，每一台班或工日按 8 小时计算。其表达形式与劳动定额相同，有时间定额和产量定额两种形式。

1. 机械时间定额

机械时间定额是指在正常的施工条件下，某种机械完成单位质量合格产品所必须消耗的工作时间。其计量单位一般以完成单位产品所需台班数或工日数来表示，如台班（或工日）$/m^3$（或 m^2、m、t、…）。当以台班为计量单位时，一般可按式（2-12）计算：

$$机械时间定额 = \frac{1}{台班产量} \qquad (2-12)$$

当以工日为计量单位时，可按式（2-13）进行计算：

$$机械时间定额 = \frac{小组成员工日数总和}{台班产量} \qquad (2-13)$$

2. 机械台班产量定额

机械台班产量定额是指某种机械在合理的劳动组织、合理的施工组织和正常施工的条件下，在班组全体成员的配合下，由熟练工人操纵机械，单位时间内完成质量合格产品的数量。其计量单位为 m^3（或 m^2、m、t……）/台班（或工日），一般可按式（2-14）或式（2-15）进行计算：

$$机械台班产量定额 = \frac{1}{时间定额} \qquad (2-14)$$

$$机械台班产量定额 = \frac{小组成员工日数总和}{时间定额}（工日） \qquad (2-15)$$

其中，式（2-12）和式（2-14）互为倒数；式（2-13）和式（2-15）之积，在数值上恰好等于小组成员数。

在《全国建筑安装工程统一劳动定额》中，机械台班使用定额以台班产量定额为主，时间定额为辅。定额中的两种表示形式为：

$$\frac{时间定额}{台班产量定额} \qquad \frac{时间定额}{台班产量定额}\Big|台班车次$$

∽ 相关知识 ∾

施工定额的编制影响因素

（1）平均先进水平　　定额水平是编制定额的核心。是完成单位合格建筑产品所消耗的人工、材料和机械台班的数量。消耗量越少，说明定额水平越高；消耗量越多，说明定额水平越低。平均先进水平，就是在正常的施工条件下，经过努力，多数生产者能够达到或超过这个定额，少数生产者可以接近的这个定额水平。低于先进水平，略高于平均水平。

（2）定额内容和形式简明适用　　定额项目设置齐全，项目划分合理，定额步距适当，章和节的编排方便使用，文字通俗易懂，计算方法简便，也便于定额的贯彻执行。适应性强，可满足不同用途的需要。

（3）专业人员与群众结合，以专业人员为主　　贯彻专业人员与群众结合，以专业人员为主的原则，有利于提高定额的编制水平和应用价值。这是因为编制施工定额具有很强的政策性和技术性，不但要有专门的机构和专业人员把握国家的方针、政策和市场变化情况，还要求资料经常性积累、技术测定、资料分析和整理工作。要直接执行定额，熟悉施工过程，了解实际消耗水平，熟悉定额的执行情况。

第 3 节　预 算 定 额

∽ 要 点 ∾

预算定额是指完成一定计量单位质量合格的分项工程或结构构件所需消耗的人工、材料和机械台班的数量标准，是计算建筑安装产品价格的基础。本节主要介绍预算定额的编制原则、编制依据、预算定额各项消耗量指标的确定及人工工资标准、材料预算价格和机械台班预算单价。

∽ 解 释 ∾

一、预算定额的编制原则

（1）按社会平均水平确定预算定额水平的原则　　预算定额是确定和控制建筑安装工程造价的主要依据，因此它必须遵照价值规律的客观要求，即按生产过程中所消耗的社会必要劳动时间确定定额水平，即按照"在现有的社会正常生产条件，在社会平均的劳动熟练程度和劳动强度下制造某种使用价值所需要的劳动时间"来确定定额水平。所以预算定额的平均水平，是在正常的施工条件、合理的施工组织和工艺条件、平均劳动熟练程度和劳动强度下，完成单位分项工程基本构造要素所需的劳动时间。

预算定额的水平以施工定额水平为基础，两者有着密切的联系。但是，预算定额绝不是简单地套用施工定额的水平。首先，要考虑预算定额中包含更多的可变因素，需要保留合理的幅度差。如人工幅度差、机械幅度差、材料的超运距、辅助用工及材料堆放、运输、操作损耗和由细到粗综合后的量差等。其次，预算定额是平均水平，施工定额是平均先进水平，所以两者相比预算定额水平要相对低一些。

（2）简明适用原则　编制预算定额贯彻简明适用原则是对执行定额的可操作性便于掌握而言的。为此，编制预算定额时，对于那些主要的、常用的、价值量大的项目，分项工程划分宜细。次要的、不常用的、价值量相对较小的项目则可以放粗一些。

要注意补充那些因采用新技术、新结构、新材料和先进经验而出现的新的定额项目。

（3）坚持统一性和差别性相结合原则　统一性，就是从培育全国统一市场规范计价行为出发，计价定额的制定规范和组织实施由国务院建设行政主管部门归口，并负责全国统一定额制定或修订，颁发有关工程造价管理的规章制度办法等。这样就有利于通过定额和工程造价的管理实现建筑安装工程价格的宏观调控。通过编制全国统一定额，使建筑安装工程具有一个统一的计价依据，也使考核设计和施工的经济效益具有一个统一的尺度。

差别性，就是在统一性基础上，各部门和省、自治区、直辖市主管部门可以在自己的管辖范围内，根据本部门和地区的具体情况，制定部门和地区性定额、补充性制度和管理办法，以适应我国幅员辽阔，地区间部门间发展不平衡和差异大的实际情况。

二、预算定额的编制依据

预算定额的编制依据如下：

① 《全国统一建筑工程基础定额》和《全国统一建筑装饰装修工程消耗量定额》。

② 现行的设计规范、施工验收规范、质量评定标准和安全操作规程。

③ 通用的标准图集、定型设计图纸和有代表性的设计图纸。

④ 有关科学实验、技术测定和可靠的统计资料。

⑤ 已推广的新技术、新材料、新结构和新工艺等资料。

⑥ 现行的预算定额基础资料、人工工资标准、材料预算价格和机械台班预算价格等。

三、预算定额各项消耗量指标的确定

1. 定额计量单位与计算精度的确定

（1）定额计量单位的确定　定额计量单位应与定额项目内容相适应，要能确切反映各分项工程产品的形态特征、变化规律与实物数量，并便于计算和使用。

① 当物体的断面形状一定而长度不定时，宜采用长度"m"或延长米为计量单位，如木装饰、落水管安装等。

② 当物体有一定的厚度而长与宽变化不定时，宜采用面积"m²"为计量单位，如

楼地面、墙面抹灰、屋面工程等。

　　③ 当物体的长、宽、高均变化不定时，宜采用体积"m^3"作为计量单位，如土方、砖石、混凝土和钢筋混凝土工程等。

　　④ 当物体的长、宽、高均变化不大，但其重量与价格差异却很大时，宜采用"kg"或"t"为计量单位，如金属构件的制作、运输等。

　　在预算定额项目表中，一般都采用扩大的计量单位，如 100m、100m^2、10m^3 等，以便于预算定额的编制和使用。

　　(2) 计算精度的确定　预算定额项目中各种消耗量指标的数值单位和计算时小数位数的取定如下。

　　① 人工以"工日"为单位，取小数 2 位。

　　② 机械以"台班"为单位，取小数 2 位。

　　③ 木材以"m^3"为单位，取小数 3 位。

　　④ 钢材以"t"为单位，取小数 3 位。

　　⑤ 标准砖以"千匹"为单位，取小数 2 位。

　　⑥ 砂浆、混凝土、沥青膏等半成品以"m^3"为单位，取小数 2 位。

2. 人工消耗量指标的确定

　　预算定额中的人工消耗量指标，包括完成该分项工程所必需的基本用工和其他用工数量。这些人工消耗量是根据多个典型工程综合取定的工程量数据和《全国统一建筑工程劳动定额》计算求得。

　　(1) 基本用工　指完成质量合格单位产品所必需消耗的技术工种用工。可按技术工种相应劳动定额的工时定额计算，以不同工种列出定额工日数。

　　(2) 其他用工　包括辅助用工、超运距用工和人工幅度差。

　　① 辅助用工　指技术工种劳动定额内不包括而在预算定额内又必须考虑的用工。如机械土方工程配合、材料加工（包括筛沙子、洗石子、淋石灰膏等）、模板整理等用工。

　　② 超运距用工　指预算定额中材料及半成品的场内水平运距超过了劳动定额规定的水平运距部分所需增加的用工。

超运距＝预算定额取定的运距－劳动定额已包括的运距

　　③ 人工幅度差　指预算定额与劳动定额的定额水平不同而产生的差异。它是劳动定额作业时间之外，预算定额内应考虑的、在正常施工条件下所发生的各种工时损失。其内容包括以下几项。

　　a. 工种间的工序搭接、交叉作业及互相配合所发生停歇的用工。

　　b. 现场内施工机械转移及临时水电线路移动所造成的停工。

　　c. 质量检查和隐蔽工程验收工作而影响工人操作的时间。

　　d. 工序交接时对前一工序不可避免的修整用工。

　　e. 班组操作地点转移而影响工人操作的时间。

　　f. 施工中不可避免的其他零星用工。

　　人工幅度差计算公式如下：

$$人工幅度差＝（基本用工＋超运距用工＋辅助用工）×人工幅度差系数 \qquad (2\text{-}16)$$

式中，人工幅度差系数一般取 $10\%\sim15\%$。

3. 材料消耗量指标的确定

预算定额中的材料消耗量指标由材料净用量和材料损耗量构成。其中材料损耗量包括材料的施工操作损耗、场内运输损耗、加工制作损耗和场内管理损耗。

（1）主材净用量的确定　预算定额中主材净用量的确定，应结合分项工程的构造做法，按照综合取定的工程量及有关资料进行计算确定。

（2）主材损耗量的确定　预算定额中主材损耗量的确定，是在计算出主材净用量的基础上乘以损耗率系数求得损耗量。在已知主材净用量和损耗率的条件下，要计算出主材损耗量就需要找出它们之间的关系系数，这个关系系数称为损耗率系数。主材损耗量和损耗率系数的计算公式如下：

$$主材损耗量＝主材净用量×损耗系数 \qquad (2\text{-}17)$$

$$损耗系数＝\frac{损耗量}{净用量}＝\frac{损耗率}{1-损耗率} \qquad (2\text{-}18)$$

（3）次要材料消耗量的确定　预算定额中对于用量很少、价值又不大的建筑材料，在估算其用量后，合并成"其他材料费"，以"元"为单位列入预算定额表内。

（4）周转性材料摊销量的确定　预算定额中的周转性材料，是按多次使用、分次摊销的方式计入其预算定额表内，其具体计算方法不做介绍。

四、人工工资标准、材料预算价格和机械台班预算单价

工程造价费用的多少，除取决于预算定额中的人工、材料和机械台班消耗量以外，还取决于人工工资标准、材料预算价格和机械台班预算单价。因此，合理确定人工工资标准、材料预算价格和机械台班预算单价，是正确计算工程造价的重要依据。

1. 人工工资标准的确定

人工工资标准又称为人工工日单价。指一个建筑工人在一个工作日内应计入预算定额中的全部人工费用。合理确定人工工资标准，是正确计算人工费和工程造价的前提和基础。

（1）人工工日单价的构成

① 生产工人基本工资　指发放给建安工人的基本工资。现行的生产工人基本工资执行岗位工资和技能工资制度。根据《全民所有制大中型建筑安装企业的岗位技能工资试行方案》中的规定，其基本工资是按岗位工资、技能工资和年限工资（按职工工作年限确定的工资）计算的。工人岗位工资标准设 8 个岗次，技能工资按初级工、中级工、高级工、技师和高级技师五类工资标准分 33 个档次。计算公式如下：

$$基本工资（G_1）＝\frac{生产工人平均月工资}{年平均每月法定工作日} \qquad (2\text{-}19)$$

式中，年平均每月法定工作日＝（全年日历日数－法定假日数）/12。

② 生产工人工资性补贴　指按规定标准发放的物价补贴，煤、燃气补贴，交通费补贴，住房补贴，流动施工津贴和地区津贴等。计算公式如下：

$$工资性补贴(G_2)=\frac{\Sigma年发放标准}{全年日历日-法定假日}+\frac{\Sigma月发放标准}{年平均每月法定工作日}+每工作日发放标准$$

$$(2\text{-}20)$$

式中，法定假日是指双休日和法定节日。

③ 生产工人辅助工资　指生产工人年有效施工天数以外非作业天数的工资，包括职工学习、培训期间的工资，调动工作、探亲、休假期间的工资，因天气影响的停工工资，女工哺乳时间的工资，病假在6个月以内的工资及产、婚、丧假期的工资。计算公式如下：

$$生产工人辅助工资(G_3)=\frac{全年无效工作日\times(G_1+G_2)}{全年日历日-法定假日}\qquad(2\text{-}21)$$

④ 职工福利费　该费用指按规定计提的职工福利费。计算公式如下：

$$职工福利费(G_4)=(G_1+G_2+G_3)\times福利费计提比例(\%)\qquad(2\text{-}22)$$

⑤ 生产工人劳动保护费　指按规定标准发放的劳动保护用品的购置费及修理费，徒工服装补贴，防暑降温费，在有碍身体健康的环境中施工的保健费用等。计算公式如下：

$$生产工人劳动保护费(G_5)=\frac{生产工人年平均支出劳动保护费}{全年日历日-法定假日}\qquad(2\text{-}23)$$

（2）人工工日单价的确定　人工工日单价等于上述各项费用之和。公式如下：

$$人工工日单价(G)=G_1+G_2+G_3+G_4+G_5\qquad(2\text{-}24)$$

近年来，国家陆续出台了养老保险、医疗保险、失业保险、住房公积金等社会保障的改革措施，新的人工工资标准会逐步将上述费用纳入人工预算单价中。

2. 材料预算价格的确定

在建筑工程费用中，材料费大约占工程总造价的60%左右，在金属结构工程费用中所占的比重还要大，它是工程造价直接费的主要组成部分。所以，合理确定材料预算价格，正确计算材料费用，有利于工程造价的计算、确定与控制。

（1）材料预算价格的概念与组成内容

① 材料预算价格的概念　指材料（包括成品、半成品及构配件等）从其来源地（或交货地点、仓库提货地点）运至施工工地仓库（或施工现场材料存放地点）后的出库价格。

② 材料预算价格的组成内容　从上述概念可知，材料从来源地到材料出库这段时间与空间内，必然会发生材料的运杂费、运输损耗费、采购及保管费等。在计价时，材料费用中还应包括单独列项计算的材料检验试验费。因此，材料预算价格应由以下费用组成。

a. 材料原价。b. 材料运杂费。c. 材料运输损耗费。d. 材料采购及保管费。e. 材料检验试验费。

（2）材料预算价格的确定

① 材料原价的确定　材料原价指材料的出厂价、交货地价、市场批发价、进口材料抵岸价或销售部门的批发价、市场采购价或市场信息价。

在确定材料原价时，凡同一种材料，因来源地、交货地、生产厂家、供货单位不同而有几种原价（价格）时，应根据不同来源地的不同单价、供货数量（或供货比例），采用加权平均的方法确定其综合原价（即加权平均原价）。计算公式如下：

$$C=(K_1C_1+K_2C_2+\cdots+K_nC_n)/(K_1+K_2+\cdots+K_n) \tag{2-25}$$

式中，C 为综合原价或加权平均原价；K_1，K_2，$\cdots$，K_n 为材料不同来源地的供货数量或供货比例；C_1，C_2，$\cdots$，C_n 为材料不同来源地的不同单价（或价格）。

② 材料运杂费的确定　材料运杂费指材料自来源地（或交货地）运至工地仓库或指定堆放地点所发生的全部费用，并含外埠中转运输过程中所发生的一切费用和过境过桥费用。包括调车和驳船费、装卸费、运输费及附加工作费等。

同一品种的材料有若干个来源地时，应采用加权平均的方法计算材料运杂费。计算公式如下：

$$T=(K_1T_1+K_2T_2+\cdots K_nT_n)/(K_1+K_2+\cdots+K_n) \tag{2-26}$$

式中，T 为加权平均运杂费；K_1，K_2，$\cdots$，K_n 为材料不同来源地的供货数量；T_1，T_2，$\cdots$，T_n 为材料不同运输距离的运费。

在材料运杂费中需要考虑便于材料运输和保护而实际发生的包装费（但不包括已计入材料原价的包装费，如水泥纸袋等），则应计入材料预算价格内。

③ 材料运输损耗费的确定　材料运输损耗指材料在装卸、运输过程中不可避免的损耗费用。计算公式如下：

$$材料运输损耗费=（材料原价+材料运杂费）\times 相应材料运输损耗率 \tag{2-27}$$

④ 材料采购保管费　指各材料供应管理部门在组织采购、供应和保管材料过程中所需的各项费用。包括材料的采购费、仓储管理费和仓储损耗费。计算公式如下：

$$材料采购保管费=（材料原价+材料运杂费+材料运输损耗费）\times 材料采购保管费率 \tag{2-28}$$

建筑材料的种类、规格繁多，采购保管费不可能按每种材料在采购保管过程中所发生的实际费用计算，只能规定几种综合费率进行计算。目前现行的是由国家经委规定的综合费率为 2.5%，各地区可根据不同的情况确定其费率。例如，有的地区规定：钢材、木材、水泥为 2.5%，水电材料为 1.5%，其余材料为 3%。由建设单位（业主）供应到现场仓库的材料，施工企业（承包商）不收采购费，只收保管费。

⑤ 材料检验试验费　指建筑材料、构件和建筑安装物进行一般鉴定、检查所发生的费用，包括自设试验室进行试验所耗用的材料和化学药品等费用。不包括新结构、新材料的试验费和建设单位对具有出厂合格证明的材料进行检验，对构件做破坏性试验及其他特殊要求检验试验的费用。计算公式如下：

$$材料检验试验费=单位材料量检验试验费\times 材料消耗量 \tag{2-29}$$

或　　　　　　　　材料检验试验费=材料原价×材料检验试验费率

⑥ 材料预算价格计算　公式如下：

材料预算价格=（材料原价+材料运杂费+材料运输损耗费）×

（1+材料采购保管费率）+材料原价×

材料检验试验费率 (2-30)

3. 施工机械台班单价的确定

(1) 施工机械台班单价 指一台施工机械在正常运转条件下一个工作台班需支出和分摊的各项费用之总和。施工机械台班费的比重，将随着施工机械化水平的提高而增加，相应人工费也随之逐步减少。

(2) 施工机械台班单价的组成 按其规定由七项费用组成，这些费用按其性质不同划分为第一类费用（即需分摊费用），第二类费用（即需支出费用）和其他费用。

① 第一类费用 又称不变费用，指不分施工地点和条件的不同，也不管施工机械是否开动运转都需要支付，并按该机械全年的费用分摊到每一个台班的费用。内容包括折旧费、大修理费、经常修理费、安拆费及场外运输费。

② 第二类费用 又称可变费用，指常因施工地点和条件的不同而有较大变化的费用。内容包括机上人员工资、动力燃料费、养路费及车船使用税、保险费。

(3) 施工机械台班单价的确定

① 第一类费用的确定

a. 台班折旧费。指施工机械在规定使用期限内收回施工机械原值及贷款利息而分摊到每一台班的费用。计算公式如下：

$$台班折旧费 = \frac{施工机械预算价格 \times (1+残值率) + 贷款利息}{耐用总台班} \quad (2-31)$$

式中，施工机械预算价格是按照施工机械原值、购置附加费、供销部门手续费和一次运杂费之和计算。

施工机械原值可按施工机械生产厂家或经销商的销售价格计算。

供销部门手续费和一次运杂费可按施工机械原值的5%计算。

残值率指施工机械报废时回收的残值占施工机械原值的百分比。残值率按目前有关规定执行：即运输机械20%，掘进机械5%，特大型机械3%，中小型机械4%。

耐用总台班指施工机械从开始投入使用到报废前使用的总台班数。计算公式如下：

耐用总台班 = 修理间隔台班 × 大修理周期

b. 台班大修理费。指施工机械按规定的大修理期间台班必须进行的大修理，以恢复施工机械正常功能所需的费用。计算公式如下：

$$台班大修理费 = \frac{一次大修理 \times (大修理周期-1)}{耐用总台班} \quad (2-32)$$

c. 台班经常修理费。指施工机械除大修理以外的各级保养和临时故障排除所需的费用。包括为保障施工机械正常运转所需替换设备，随机使用工具，附加的摊销和维护费用；机械运转与日常保养所需润滑与擦拭材料费用；以及机械停置期间的正常维护和保养费用等。为简化起见一般可用以下公式计算：

台班经常修理费 = 台班大修理费 × K (2-33)

式中，K 值为施工机械台班经常维修系数，K 等于台班经常维修费与台班大修理费的比值。如载重汽车6t以内为5.61，6t以上为3.93；自卸汽车6t以内为4.44，6t以上为3.34；塔式起重机为3.94等。

d. 安拆费及场外运费。安拆费指施工机械在现场进行安装与拆卸所需的人工、材料、机械和试运转费，以及机械辅助设施的折旧、搭设、拆除等费用。场外运费指施工机械整体或分体，从停放地点运至施工现场或由一个施工地点运至另一个施工地点，运输距离在 25km 以内的施工机械进出场及转移费用。包括施工机械的装卸、运输辅助材料及架线等费用。

安拆费及场外运费根据施工机械的不同，可分为计入台班单价、单独计算和不计算三种类型。

② 第二类费用的确定

a. 机上人员工资。机上人员工资指施工机械操作人员（如司机、司炉等）及其他操作人员的工资、津贴等。

b. 动力燃料费。该费用指施工机械在运转作业中所耗用的固体燃料（煤、木柴）、液体燃料（汽油、柴油）及水、电等费用。计算公式如下：

$$台班动力燃料费 = 台班动力燃料消耗量 \times 相应单价 \tag{2-34}$$

c. 养路费及车船使用税。养路费及车船使用税指施工机械按照国家有关规定应缴纳的养路费和车船使用税。计算公式如下：

$$台班养路费 = \frac{核定吨位 \times 每月每吨养路费 \times 12 个月}{年工作台班} \tag{2-35}$$

$$台班车船使用税 = \frac{每年每吨车船使用税}{年工作台班} \tag{2-36}$$

d. 保险费。该费用指按照有关规定应缴纳的第三者责任险、车主保险费等。

❧ **相关知识** ❧

预算定额的作用

在按定额计价模式的条件下，预算定额体现了国家、业主和建筑施工企业（承包商）之间的一种经济关系。按预算定额所确定的工程造价，为拟建工程提供必要的投资资金，施工企业（承包商）则在预算定额的范围内，通过施工活动，按照质量、工期完成工程任务。因此，预算定额在建筑工程施工活动中具有以下重要作用。

① 预算定额是编制施工图预算，合理确定工程造价的依据。

② 预算定额是建设工程招标投标中确定标底和标价的主要依据。

③ 预算定额是施工企业编制人工、材料、机械台班需要量计划，统计完成工程量，考核工程成本，实行经济核算，加强施工管理的基础。

④ 预算定额是编制计价定额（即单位估价表）的依据。

⑤ 预算定额是编制概算定额和概算指标的基础。

第 4 节 概算定额与概算指标

❧ **要 点** ❧

概算定额是指规定完成合格的单位扩大分项工程或单位扩大结构构件所需消耗的人

工、材料和施工机械台班的数量标准，又称为扩大结构定额。本节主要介绍概算定额的编制依据、编制步骤及概算指标的表现形式。

解 释

一、概算定额的编制依据

① 现行的设计规范和建筑安装工程预算定额。

② 具有代表性的标准设计图纸和其他设计资料。

③ 现行的人工工资标准、材料预算价格、机械台班预算价格及概算定额。

二、概算定额的编制步骤

概算定额的编制一般分为三阶段进行，即准备阶段、编制初稿阶段和审查定稿阶段。

(1) 准备阶段　该阶段主要是确定编制机构和人员组成，进行调查研究，了解现行概算定额执行情况和存在问题，明确编制的目的，制定概算定额的编制方案和确定概算定额的项目。

(2) 编制初稿阶段　该阶段是根据已确定的编制方案和概算定额项目，收集和整理各种编制依据，对各种资料进行深入细致的测算和分析，确定人工、材料和机械台班的消耗量，最后编制出概算定额初稿。

(3) 审查定稿阶段　该阶段的主要工作是测算概算定额的水平，即测算新编概算定额与原概算定额及现行预算定额之间的水平差距。测算的方法既要分项进行测算，又要通过编制单位工程概算，并以单位工程为对象进行综合测算。概算定额水平与预算定额水平之间应有一定的幅度差，幅度差一般在 5％以内。

概算定额经测算比较后，即可报送国家授权机关审批。

三、概算指标的表现形式

(1) 综合概算指标　指按工业或民用建筑及其结构类型而制定的概算指标。综合概算指标的概括性较大，其准确性、针对性不如单项指标。

(2) 单项概算指标　指为某种建筑物或构筑物编制的概算指标。其针对性较强，故指标中对工程结构形式要作介绍。只要工程项目的结构形式及工程内容与单项指标中的工程概况相吻合，编制出的设计概算就比较准确。

相关知识

概算定额的作用

① 是初步设计阶段编制设计概算，技术设计阶段编制设计修正概算的依据。

② 是对建设项目设计进行技术经济分析比较的基础资料之一。

③ 是建设项目主要材料需要量计划编制的依据。

④ 是编制概算指标的依据。

第5节　投资估算指标

要　点

投资估算指标用于编制投资估算，通常以独立的单项工程或完整的工程项目为计算对象，主要用来为项目决策和投资控制提供依据。本节主要介绍估算指标的编制原则、分类及表现形式。

解　释

一、估算指标的编制原则

① 估算指标编制的内容、范围和深度，应与规定的建设项目建议书和可行性研究报告编制的内容、范围和深度相适应，应能满足以后一定时期编制投资估算的需要。估算指标的编制资料应选择符合行业发展政策，有代表性、有重复使用价值的资料。

② 估算指标的分类要结合各专业工程特点；项目划分要反映建设项目总造价、单项工程造价确切构成和分项的比例；要简明列出工作项目、工作内容、表现形式，要便于使用；应有与项目建议书、可行性研究报告深度适应的各项指标的量化值。

③ 估算指标的制订要遵循国家有关工程建设的方针政策，符合近期技术发展方向和技术政策，反映正常情况下的造价水平，并适当留有余地。

④ 估算指标要有粗、有细、有量、有价，附有必要的调整、换算办法，以便根据工程的具体情况灵活使用。

二、估算指标的分类及表现形式

由于建设项目建议书，可行性研究报告编制深度不同，本着便于使用的原则，估算指标应结合行业工程特点，按各项指标的综合程度进行分类。一般可分为：建设项目指标、单项工程指标和单位工程指标。

(1) 建设项目指标　一般指按照一个总体设计进行施工的、经济上统一核算、行政上有独立组织形式的建设工程为对象的总造价指标，也可表现为以单位生产能力（或其他计量单位）为计算单位的综合单位造价指标。总造价指标（或综合单位造价指标）的费用构成包括：按照国家有关规定列入建设项目总造价的全部建筑安装工程费、设备工器具购置费、其他费用、预备费以及固定资产投资方向调节税。

建设期贷款利息和铺底流动资金，应根据建设项目资金来源的不同，按照主管部门规定，在编制投资估算时单算，并列入项目总投资中。

(2) 单项工程指标　一般是指组成建设项目、能够单独发挥生产能力和使用功能的各单项工程为对象的造价指标。应包括单项工程的建筑安装工程费，设备、工器具购置费和应列入单项工程投资的其他费用。还应列有单项工程占总造价的比例。

建设项目指标和单项工程指标应分别说明与指标相应的工程特征，工程组成内容，主要工艺、技术指标，主要设备名称、型号、规格、重量、数量和单价，其他设备费占主要设备费的百分比，主要材料用量和价格等。

（3）单位工程指标　一般是指组成单项工程、能够单独组织施工的工程，如建筑物、构筑物等为对象的指标。一般是以 m^2、m^3、延长米、座、套等为计算单位的造价指标。单位工程指标应说明工程内容建筑结构特征，主要工程量，主要材料量，其他材料费占主要材料费比例，人工工日数以及人工费、材料费、施工机械费占单位工程造价的比例。估算指标应有附录。附录应列出不同建设地点、自然条件以及设备材料价格变化等情况下，对估算指标进行调整换算的调整办法和各种附表。

❧　相关知识　❧

投资估算指标的意义

工程建设投资估算指标是编制建设项目建议书、可行性研究报告等前期工作阶段投资估算的依据，同时也可以作为编制固定资产长远规划投资额的参考。投资估算指标为完成项目建设的投资估算提供依据和手段，它在固定资产形成的过程中担负着投资预测、投资控制、投资效益分析的作用，是合理确定项目投资的基础。投资估算指标中的主要材料消耗量也是一种扩大材料消耗量指标，可以作为计算建设项目主要材料消耗量的基础。估算指标的正确制定对于提高投资估算的准确度、对建设项目的合理评估、正确决策等具有深远影响。

第3章
电气工程工程量清单计价

第1节 工程量清单计价概述

⟨⟨⟨ **要　点** ⟩⟩⟩

工程量清单是表现拟建工程的分部分项工程项目、措施项目、其他项目名称和相应数量的明细清单，包括分部分项工程量清单、措施项目清单以及其他项目清单。

⟨⟨⟨ **解　释** ⟩⟩⟩

一、工程量清单计价的概念

工程量清单计价是指投标人完成由招标人提供的工程量清单所需的全部费用，包括分部分项工程费、措施项目费、其他项目费和规费、税金。

工程量清单计价方法，是在建设工程招投标中，招标人或委托具有资质的中介机构编制反映工程实体消耗和措施性消耗的工程量清单，并作为招标文件的一部分提供给投标人，由投标人依据工程量清单自主报价的计价方式。在工程招投标中采用工程量清单计价是国际上较为通行的做法。

工程量清单计价办法的主旨就是在全国范围内，统一项目编码、统一项目名称、统一计量单位、统一工程量计算规则。在这四统一的前提下，由国家主管职能部门统一编制《建设工程工程量清单计价规范》，作为强制性标准，在全国统一实施。

二、工程量清单计价的特点

在工程量清单计价方法的招标方式下，由业主或招标单位根据统一的工程量清单项目设置规则和工程量清单计量规则编制工程量清单，鼓励企业自主报价，业主根据其报价，结合质量、工期等因素综合评定，选择最佳的投标企业中标。在这种模式下，标底不再成为评标的主要依据，甚至可以不编标底。从而在工程价格的形成过程中由市场的参与双方主体自主定价，符合价格形成的基本原理。

工程量清早计价真实反映了工程实际，为把定价自主权交给市场参与方提供了可能。在工程招标投标过程中，投标企业在投标报价时必须考虑工程本身的内容、范围、技术特点要求以及招标文件的有关规定、工程现场情况等因素；同时还必须充分考虑到许多其他方面的因素，如投标单位自己制定的工程总进度计划、施工方案、分包计划、资源安排计划等。这些因素对投标报价有着直接而重大的影响，而且对每一项招标工程来讲都具有其特殊性的一面，所以应该允许投标单位针对这些方面灵活机动地调整报价，以使报价能够比较准确地与工程实际相吻合。而只有这样才能把投标定价自主权真正交给招标和投标单位，投标单位才会对自己的报价承担相应的风险与责任，从而建立起真正的风险制约和竞争机制，避免合同实施过程中的推诿和扯皮现象的发生，为工程管理提供方便。工程量清单计价的特点具体体现在以下几个方面。

（1）统一计价规则　通过制定统一的建设工程工程量清单计价方法、统一的工程量计量规则、统一的工程量清单项目设置规则，达到规范计价行为的目的。这些规则和办法是强制性的，建设各方面都应该遵守，这是工程造价管理部门首次在文件中明确政府应管什么，不应管什么。

（2）有效控制消耗量　通过由政府发布统一的社会平均消耗量指导标准，为企业提供一个社会平均尺度，避免企业盲目或随意大幅度减少或扩大消耗量，从而达到保证工程质量的目的。

（3）彻底放开价格　将工程消耗量定额中的工、料、机价格和利润、管理费全面放开，由市场的供求关系自行确定价格。

（4）企业自主报价　投标企业根据自身的技术专长、材料采购渠道和管理水平等，制定企业自己的报价定额，自主报价。企业尚无报价定额的，可参考使用造价管理部门颁布的《建设工程消耗量定额》。

（5）市场有序竞争形成价格　通过建立与国际惯例接轨的工程量清单计价模式，引入充分竞争形成价格的机制，制定衡量投标报价合理性的基础标准，在投标过程中，有效引入竞争机制，淡化标底的作用，在保证质量、工期的前提下，按国家《招标投标法》及有关条款规定，最终以"不低于成本"的合理低价者中标。

～ 相关知识 ～

工程量清单计价的影响因素

工程量清单报价中标的工程，无论采用何种计价方法，在正常情况下，基本说明工程造价已确定，只是当出现设计变更或工程量变动时，通过签证再结算调整，另行计算。工程量清单工程成本要素的管理重点，是在既定收入的前提下，如何控制成本支出。

1. 对用工批量的有效管理

人工费支出约占建筑产品成本的17%，且随市场价格波动而不断变化。对人工单价在整个施工期间做出切合实际的预测，是控制人工费用支出的前提条件。

首先根据施工进度，月初依据工序合理做出用工数量，结合市场人工单价计算出本月控制指标。

其次在施工过程中，依据工程分部分项，对每天用工数量连续记录，在完成一个分项后，就同工程量清单报价中的用工数量对比，进行横评找出存在问题，办理相应手续以便对控制指标加以修正。每月完成几个工程分项后各自同工程量清单报价中的用工数量对比，考核控制指标完成情况。通过这种控制节约用工数量，就意味着降低人工费支出，即增加了相应的效益。这种对用工数量控制的方法，最大优势在于不受任何工程结构形式的影响，分阶段加以控制，有很强的实用性。人工费用控制指标，主要是从量上加以控制。重点通过对在建工程过程控制，积累各类结构形式下实际用工数量的原始资料，以便形成企业定额体系。

2. 材料费用的管理

材料费用开支约占建筑产品成本的 63%，是成本要素控制的重点。材料费用因工程量清单报价形式不同，材料供应方式不同而有所不同。如业主限价的材料价格，如何管理？其主要问题可从施工企业采购过程降低材料单价来把握。首先对本月施工分项所需材料用量下发采购部门，在保证材料质量前提下货比三家。采购过程以工程清单报价中材料价格为控制指标，确保采购过程产生收益。对业主供材供料，确保足斤足两，严把验收入库环节。其次在施工过程中，严格执行质量方面的程序文件，做到材料堆放合理布局，减少二次搬运。具体操作依据工程进度实行限额领料，完成一个分项后，考核控制效果。最后是杜绝没有收入的支出，把返工损失降到最低限度。月末应把控制用量和价格同实际数量横向对比，考核实际效果，对超用材料数量落实清楚，是在哪个工程子项造成的？原因是什么？是否存在同业主计取材料差价的问题等。

3. 机械费用的管理

机械费的开支约占建筑产品成本的 7%，其控制指标，主要是根据工程量清单计算出使用的机械控制台班数。在施工过程中，每天做详细台班记录，是否存在维修、待班的台班。如存在现场停电超过合同规定时间，应在当天同业主做好待班现场签证记录，月末将实际使用台班同控制台班的绝对数进行对比，分析量差发生的原因。对机械费价格一般采取租赁协议，合同一般在结算期内不变动，所以，控制实际用量是关键。依据现场情况做到设备合理布局，充分利用，特别是要合理安排大型设备进出场时间，以降低费用。

4. 施工过程中水电费的管理

水电费的管理，在以往工程施工中一直被忽视。水作为人类赖以生存的宝贵资源，越来越短缺，正在给人类敲响警钟。这对加强施工过程中水电费管理的重要性不言而喻。为便于施工过程支出的控制管理，应把控制用量计算到施工子项以便于水电费用控制。月末依据完成子项所需水电用量同实际用量对比，找出差距的出处，以便制定改正措施。总之施工过程中对水电用量控制不仅仅是一个经济效益的问题，更重要的是一个合理利用宝贵资源的问题。

5. 对设计变更和工程签证的管理

在施工过程中，时常会遇到一些原设计未预料的实际情况或业主单位提出要求改变某些施工做法、材料代用等，引发设计变更；同样对施工图以外的内容及停水、停电，或因材料供应不及时造成停工、窝工等都需要办理工程签证。以上两部分工作，首先应由负责现场施工的技术人员做好工程量的确认，如存在工程量清单不包括的施工内容，应及时通知技术人员，将需要办理工程签证的内容落实清楚，其次工程造价人员审核变更或签证签字内容是否清楚完整、手续是否齐全。如手续不齐全，应在当天督促施工人员补办手续，变更或签证的资料应连续编号；最后工程造价人员还应特别注意在施工方案中涉及的工程造价问题。在投标时工程量清单是依据以往的经验计价，建立在既定的施工方案基础上的。施工方案的改变便是对工程量清单造价的修正。变更或签证是工程量清单工程造价中所不包括的内容，但在施工过程中费用已经发生，工程造价人员应及时地编制变更及签证后的变动价值。加强设计变更和工程签证工作是施工企业经济活动中的一个重要组成部分，它可防止应得效益的流失，反映工程真实造价构成，对施工企业各级管理者来说更显得重要。

6. 对其他成本要素的管理

成本要素除工料单价法包含的以外，还有管理费用、利润、临时设施费、税金、保险费等。这部分收入已分散在工程量清单的子项中，中标后已成既定的数，因而，在施工过程中应注意以下几点。

① 节约管理费用是重点，制定切实的预算指标，对每笔开支严格依据预算执行审批手续；提高管理人员的综合素质做到高效精干，提倡一专多能。对办公费用的管理，从节约一张纸、减少每次通话时间等方面着手，精打细算，控制费用支出。

② 利润作为工程量清单子项收入的一部分，在成本不亏损的情况下，就是企业既定利润。

③ 临时设施费管理的重点是，依据施工的工期及现场情况合理布局临时设施。尽可能就地取材搭建临时设施，工程接近竣工时及时减少临时设施的占用。对购买的彩板房每次安、拆要高抬轻放，延长使用次数。日常使用及时维护易损部位，延长使用寿命。

④ 对税金、保险费的管理重点是一个资金问题，依据施工进度及时拨付工程款，确保按国家规定的税金及时上缴。

以上六个方面是施工企业的成本要素，针对工程量清单形式带来的风险性，施工企业要从加强过程控制的管理入手，才能将风险降到最低点。积累各种结构形式下成本要素的资料，逐步形成科学、合理的，具有代表人力、财力、技术力量的企业定额体系。通过企业定额，使报价不再盲目，避免了一味过低或过高报价所形成的亏损、废标，以应付复杂激烈的市场竞争。

第 2 节　工程量清单编制说明

 要　点

本节主要讲述工程量清单的编制原则、编制依据及编制要求，要求读者对工程量清单的编制有明确地认识和深刻地理解。

解 释

一、工程量清单的编制原则

1. 政府宏观调控、企业自主报价、市场竞争形成价格

工程量清单的编制应遵循工程量计算规则、各分部分项工程分类、项目编码以及计量单位、项目名称统一的原则。企业自主进行报价，反映企业自身的施工方法、人工材料、机械台班消耗量水平以及价格、取费等由企业自定或自选，在政府宏观控制下，由市场全面竞争形成，从而形成工程造价的价格运行机制。既要统一工程量清单的工程量计算规则，规范建筑安装工程的计价行为，也要统一建筑安装工程量清单的计算方法。

2. 与现行预算定额既有结合又有所区别的原则

《建设工程工程量清单计价规范》（GB 50500—2013）在编制过程中，以现行的建筑工程基础定额，《全国统一安装工程预算定额》，相应的机械台班定额、施工与设计规范，相应标准等为基础，尤其在项目划分、计量单位、工程量计算规则等方面，尽可能与预算定额衔接。因为预算定额是我国工程造价工作者经过几十年总结得到的，其内容具有一定的科学性和实用性。与工程预算定额的区别主要表现在：首先，定额项目是国家规定以单一的工序为划分项目的原则；其次，施工工艺、施工方法是根据大多数企业的施工方法综合取定的；第三，人工、材料、机械台班消耗量是根据"社会平均水平"综合测定的；第四，取费标准是根据不同地区平均测算的；所以，企业的报价难免表现出平均主义，不利于充分调动企业自主管理的积极性。但工程量清单项目的划分，一般是以一个"综合实体"考虑的，通常包括了多项工程内容，依次规定了相应的工程量计算规则。由此可见，两者的工程量计算规则是有区别的。

3. 利于进入国际市场竞争，并规范建筑市场计价管理行为

《建设工程工程量清单计价规范》（GB 50500—2013）是根据我国当前工程建设市场发展的形势，逐步解决定额计价中与当前工程建设市场不相适应的因素，适应我国市场经济的发展需要，适应与国际接轨的需要，积极稳妥地推行工程量清单计价，是借鉴了世界银行、FIDIC、英联邦诸多国家以及中国香港地区等的一些做法，与此同时，也结合了我国现阶段的具体情况。例如实体项目的设置，就结合了当前按专业设置的一些情况。

4. 按照统一的格式实行工程量清单计价

工程量清单项目的设置、计量规则、工程量清单编制或报价书（编制标底）等均推行统一格式化。按照计价规范的要求，通常工程量清单表格为 7 张，工程量清单计价表格为 12 张。工程量清单的编制与提供通常为业主方负责；而工程量清单计价表格的填写（投标报价书的编制）为承包方完成。

二、工程量清单的编制依据

（1）计价规范及相配套的宣贯辅导教材　依据国家标准《建设工程工程量清单计价规范》（GB 50500—2013）以及相配套的宣贯辅导教材、建设部 44 号文件；依据统一工程量计算规则和标准格式。

（2）招标文件规定的相关内容　依据招标文件规定的内容进行工程量清单的编制。

（3）现行定额、规范　依据1999年建筑工程基础定额、2000年《全国统一安装工程预算定额》结合地方现行建筑与安装工程预算定额或现行综合定额、《全国统一安装工程施工仪器、仪表、台班定额》、现行劳动定额及其相关专业定额；依据现行设计、施工验收规范、安全操作规程、质量评定标准等。

（4）依据设计图纸，现行标准图集　依据施工设计图纸，现行标准图集可同时满足工程量清单计价和定额计价两种模式；依据《建设工程工程量清单计价规范》（GB 50500—2013）所规定的标准计价格式。

三、工程量清单的编制要求

1. 一般规定

（1）招标工程量清单应由具有编制能力的招标人或受其委托、具有相应资质的工程造价咨询人编制。

（2）招标工程量清单必须作为招标文件的组成部分，其准确性和完整性应由招标人负责。

（3）招标工程量清单是工程量清单计价的基础，应作为编制招标控制价、投标报价、计算或调整工程量、索赔等的依据之一。

（4）招标工程量清单应以单位（项）工程为单位编制，应由分部分项工程项目清单、措施项目清单、其他项目清单、规费和税金项目清单组成。

（5）编制招标工程量清单应依据：

① 《建设工程工程量清单计价规范》（GB 50500—2013）和相关工程的国家计量规范；

② 国家或省级、行业建设主管部门颁发的计价定额和办法；

③ 建设工程设计文件及相关资料；

④ 与建设工程有关的标准、规范、技术资料；

⑤ 拟定的招标文件；

⑥ 施工现场情况、地勘水文资料、工程特点及常规施工方案；

⑦ 其他相关资料。

2. 工程量清单项目设置

工程量清单的项目设置规则是为了统一工程量清单项目名称、项目编码、计量单位和工程量计算而制定的，是编制工程量清单的依据。

（1）项目编码　以五级编码设置，用十二位阿拉伯数字表示。一至九位应按现行国家计量规范规定设置，十至十二位应根据拟建工程的工程量清单项目名称设置。

（2）项目名称　原则上以形成工程实体而命名。项目名称如有缺项，招标人可按相应的原则进行补充，并报当地工程造价管理部门备案。

（3）项目特征　是对项目的准确描述，是影响价格的因素，是设置具体清单项目的依据。项目特征按不同的工程部位、施工工艺或材料品种、规格等分别列项。凡项目特征中未描述到的其他独有特征，由清单编制人视项目具体情况确定，以准确描述清单项目为准。

（4）计量单位 应采用基本单位，除各专业另有特殊规定外，均按以下单位计量。

① 以质量计算的项目：吨或千克（t 或 kg）

② 以体积计算的项目：立方米（m³）

③ 以面积计算的项目：平方米（m²）

④ 以长度计算的项目：米（m）

⑤ 以自然计量单位计算的项目：个、套、块、樘、组、台……

⑥ 没有具体数量的项目：系统、项……

各专业有特殊计量单位的，再另外加以说明。

（5）工作内容 指完成该清单项目可能发生的具体工程，可供招标人确定清单项目和投标人投标报价参考。

凡工程内容中未列全的其他具体工程，由投标人按照招标文件或图纸要求编制，以完成清单项目为准，综合考虑到报价中。

3. 工程数量的计算

工程数量的计算主要通过工程量计算规则计算得到。工程量计算规则是指对清单项目工程量的计算规定。除另有说明外，所有清单项目的工程量应以实体工程量为准，并以完成后的净值计算；投标人投标报价时，应在单价中考虑施工中的各种损耗和需要增加的工程量。

工程量的计算规则按主要专业划分，包括房屋建筑与装饰工程、仿古建筑工程、通用安装工程、市政工程、园林绿化工程、矿山工程、构筑物工程、城市轨道交通工程和爆破工程九个专业部分。其中通用安装工程包括机械设备安装工程，热力设备安装工程，静电设备与工艺金属结构制作安装工程，电气设备安装工程，建筑智能化工程，自动化控制仪表安装工程，通风空调工程，工业管道工程，消防工程，给排水、采暖、燃气工程，通信设备及线路工程，刷油、防腐蚀、绝热工程，措施项目。

    ❦   **相关知识**   ❧

国外传统的工程量清单编制方法

英国工程量清单的编制方法一般有 3 种：传统式、改进式和纸条分类法。其中传统的工程量清单编制方法主要包括下述几个步骤。

（1）工程量计算 英国工程量计算按照 SMM7 的计算原理和规则进行。SMM7 将建筑工程划分为地下结构工程、钢结构工程、混凝土工程、门窗工程、楼梯工程、屋面工程、粉刷工程等分部分项工程，就每个部分分别列明具体的计算方法和程序。工程量清单根据图纸编制，清单的每一项中都对要实施的工程写出简要文字说明，并注上相应的工程量。

（2）算术计算 此过程是把计算纸上的延长米、平方米、立方米工程量结果计算出来。实际工程中有专门的工程量计算员来完成，在算术计算前，应先核对所有的初步计算，如有任何错误应及时通知工程量计算员。在算术计算后再另行安排人员核对，以确保计算结果的准确性。

（3）抄录工作 这部分工作包括把计算纸上的工程量计算结果和项目描述抄录到专门的纸上。各个项目按照一定的顺序以工种操作顺序或其他方式合并整理。在同一分部中，先抄立方米项目，再抄平方米和延长米项目；从下部的工程项目到上部的项目；水平方向在先，斜面和垂直的在后等。抄录完毕后由另外的工作人员核对。一个分部结束应换新的抄录纸重新开始。

（4）项目工程量的增加或减少 这是计算抄录每个项目最终工程量的过程。由于工程量计算的整体性，一个项目可能在不同的时间和分部中计算，比如墙身工程中计算墙身不扣除门窗洞口，而在计算门窗工程时才扣去该部分工程量。所以，需要把工程量中有增加、减少的所有项目计算出来，得到项目的最终工程量。该工程量应为该项工程项目精确的工程量。无论计算时采用何种方法，这时的结果应该是相同的或近似的。

（5）编制工程量清单 先起草工程量清单，把计算结果、项目描述按清单的要求抄录在清单纸上。在检查了所有的编号、工程量、项目描述并确认无误后，交由资深的工料测量师来进行编辑，使之成为最后的清单形式。在编辑时应考虑每个标题、句子、分部工程概要、项目描述等的形式和用词，使清单更为清晰易懂。

（6）打印装订 资深工料测量师修改编辑完毕后由打字员打印完成并装上封面成册。

第3节 工程量清单编制内容

要 点

工程量清单的编制内容包括：分部分项工程量清单、措施项目清单、其他项目清单、规费项目清单及税金项目清单。

解 释

一、分部分项工程量清单

（1）分部分项工程量清单应包括项目编码、项目名称、项目特征、计量单位和工程量。这是构成分部分项工程量清单的五个要件，在分部分项工程量清单的组成中缺一不可。

（2）分部分项工程量清单应根据相关工程现行国家计量规范规定的项目编码、项目名称、项目特征、计量单位和工程量计算规则进行编制。

（3）分部分项工程量清单的项目编码应采用十二位阿拉伯数字表示。其中一、二位为工程分类顺序码，房屋建筑与装饰工程为01，仿古建筑工程为02，通用安装工程为03，市政工程为04，园林绿化工程为05，矿山工程为06，构筑物工程为07，城市轨道交通工程为08，爆破工程为09；三、四位为专业工程顺序码；五、六位为分部工程顺序码；七、八、九位为分项工程项目名称顺序码；十至十二位为清单项目名称顺序码，应根据拟建工程的工程量清单项目名称设置，同一招标工程的项目编码不得有重码。

在编制工程量清单时应注意对项目编码的设置不得有重码，特别是当同一标段（或合同段）的一份工程量清单中含有多个单项或单位工程且工程量清单是以单项或单位工程为编制对象时，应注意项目编码中的十至十二位的设置不得重码。例如一个标段（或合同段）的工程量清单中含有三个单项或单位工程，每一单项或单位工程中都有项目特征相同的现浇混凝土矩形梁，在工程量清单中又需反映三个不同单项或单位工程的现浇混凝土矩形梁工程量时，此时工程量清单应以单项或单位工程为编制对象，第一个单项或单位工程的现浇混凝土矩形梁的项目编码为 010503002001，第二个单项或单位工程的现浇混凝土矩形梁的项目编码为 010503002002，第三个单项或单位工程的现浇混凝土矩形梁的项目编码为 010503002003，并分别列出各单项或单位工程现浇混凝土矩形梁的工程量。

（4）分部分项工程量清单的项目名称应按相关工程现行国家计量规范规定的项目名称结合拟建工程的实际确定。

（5）分部分项工程量清单中所列工程量应按相关工程现行国家计量规范规定的工程量计算规则计算。工程量的有效位数应遵守下列规定。

① 以"t"为单位，应保留三位小数，第四位小数四舍五入。

② 以"m^3"、"m^2"、"m"、"kg"为单位，应保留两位小数，第三位小数四舍五入。

③ 以"个"、"项"等为单位，应取整数。

（6）分部分项工程量清单的计量单位应按相关工程现行国家计量规范规定的计量单位确定，当计量单位有两个或两个以上时，应根据拟建工程项目的实际，选择最适宜表现该项目特征并方便计量的单位。

（7）分部分项工程量清单项目特征应按相关工程现行国家计量规范规定的项目特征，结合拟建工程项目的实际予以描述。工程量清单的项目特征是确定一个清单项目综合单价不可缺少的主要依据。对工程量清单项目的特征描述具有十分重要的意义，主要体现在以下几方面。

① 项目特征是区分清单项目的依据。工程量清单项目特征是用来表述分部分项清单项目的实质内容，用于区分计价规范中同一清单条目下各个具体的清单项目。没有项目特征的准确描述，对于相同或相似的清单项目名称，就无从区分。

② 项目特征是确定综合单价的前提。由于工程量清单项目的特征决定了工程实体的实质内容，必然直接决定工程实体的自身价值。因此，工程量清单项目特征描述得准确与否，直接关系到工程量清单项目综合单价的准确确定。

③ 项目特征是履行合同义务的基础。实行工程量清单计价，工程量清单及其综合单价是施工合同的组成部分，因此，如果工程量清单项目特征的描述不清甚至漏项、错误，从而引起在施工过程中的更改，都会引起分歧，导致纠纷。因此，在编制工程量清单时，必须对项目特征进行准确而且全面的描述，准确地描述工程量清单的项目特征对于准确地确定工程量清单项目的综合单价具有决定性的作用。

在对工程量清单项目的特征进行描述时，应注意"项目特征"与"工作内容"的区别。"项目特征"是工程项目的实质，决定着工程量清单项目的价值大小，而"工作内容"主要讲的是操作程序，是承包人完成能通过验收的工程项目所必须操作的工序。工程量清单项目与工程量计算规则、工作内容具有一一对应的关系，当采用清单计价规范进行计价时，工作内容既有规定，无需再对其进行描述。而"项目特征"栏中的任何一项都影响着清单项目综合单价的确定，招标人应高度重视分部分项工程量清单项目特征的描述，任何不描述或描述不清，均会在施工合同履约过程中产生分歧，导致纠纷、索赔。例如屋面卷材防水，按照规范中编码为010902001项目中"项目特征"栏的规定，发包人在对工程量清单项目进行描述时，就必须要对卷材的品种、规格、厚度，防水层数，防水层做法进行详细描述，因为这其中任何一项的不同都直接影响到屋面卷材防水的综合单价。而在该项"工作内容"栏中阐述了屋面卷材防水应包括基层处理、刷底油、铺油毡卷材、接缝等施工工序，这些工序即便发包人不提，承包人为完成合格屋面卷材防水工程也必然要进行，因而发包人在对工程量清单项目进行描述时就没有必要对屋面卷材防水的施工工序对承包人提出规定。

但有些项目特征用文字往往又难以准确和全面描述清楚。因此，为达到规范、简捷、准确、全面描述项目特征的要求，在描述工程量清单项目特征时应按以下原则进行。

① 项目特征描述的内容应按现行国家计量规范的规定，结合拟建工程的实际，能满足确定综合单价的需要。

② 若采用标准图集或施工图纸能够全部或部分满足项目特征描述的要求，项目特征描述可直接采用详见××图集或××图号的方式。对不能满足项目特征描述要求的部分，仍应用文字描述。

（8）编制工程量清单出现现行国家计量规范未包括的项目，编制人应作补充，并报省级或行业工程造价管理机构备案，省级或行业工程造价管理机构应汇总报住房和城乡建设部标准定额研究所。补充项目的编码由规范的顺序码与B和三位阿拉伯数字组成，并应从×B001起顺序编制，同一招标工程的项目不得重码。工程量清单中需附有补充项目的名称、项目特征、计量单位、工程量计算规则、工作内容。

二、措施项目清单

（1）措施项目清单应根据拟建工程的实际情况排列。通用措施项目可按表3-1选择列项，专业工程的措施项目可按相关工程现行国家计量规范规定的项目选择列项。若出现规范未列的项目，可根据工程实际情况补充。

表 3-1　通用措施项目一览表

序号	项　目　名　称	序号	项　目　名　称
1	安全文明施工（含环境保护、文明施工、安全施工、临时设施）	5	大型机械设备进出场及安拆
		6	施工排水
2	夜间施工	7	施工降水
3	二次搬运	8	地上、地下设施，建筑物的临时保护设施
4	冬雨季施工	9	已完工程及设备保护

（2）措施项目中可以计算工程量的项目清单应采用分部分项工程量清单的方式编制，列出项目编码、项目名称、项目特征、计量单位和工程量计算规则；如不能计算工程量的项目清单，以"项"为计量单位。

（3）《建设工程工程量清单计价规范》（GB 50500—2013）将实体性项目划分为分部分项工程量清单，非实体性项目划分为措施项目。非实体性项目，一般来说，其费用的发生和金额的大小与使用时间、施工方法或者两个以上工序相关，与实际完成的实体工程量的多少关系不大，典型的是大中型施工机械、文明施工和安全防护措施、临时设施等。但有的非实体性项目，则是可以计算工程量的项目，典型的是混凝土浇筑的模板工程，用分部分项工程量清单的方式采用综合单价，更有利于措施费的确定和调整，更有利于合同管理。

三、其他项目清单

其他项目清单宜按照下列内容列项。

（1）暂列金额　暂列金额是招标人在工程量清单中暂定并包括在合同价款中的一笔款项。新版《建设工程工程量清单计价规范》（GB 50500—2013）明确规定暂列金额用于工程合同签订时尚未确定或者不可预见的所需材料、工程设备、服务的采购，施工中可能发生的工程变更、合同约定调整因素出现时的合同价款调整以及发生的索赔、现场签证确认等的费用。

无论采用何种合同形式，工程造价理想的标准是，一份合同的价格就是其最终的竣工结算价格，或者至少两者应尽可能接近。我国规定对政府投资工程实行概算管理，经项目审批部门批复的设计概算是工程投资控制的刚性指标，即使商业性开发项目也有成本的预先控制问题，否则，无法相对准确预测投资的收益和科学合理地进行投资控制。但工程建设自身的特性决定了工程的设计需要按照工程进展不断地进行优化和调整，业主需求可能会随工程建设进展出现变化，工程建设过程还会存在一些不能预见、不能确定的因素。消化这些因素必然会影响合同价格的调整，暂列金额正是为这类不可避免的价格调整而设立，以便达到合理确定和有效控制工程造价的目标。

另外，暂列金额列入合同价格不等于就属于承包人所有了，即使是总价包干合同，也不等于列入合同价格的所有金额就属于承包人，是否属于承包人应得金额取决于具体的合同约定，只有按照合同约定程序实际发生后，才能成为承包人的应得金额，纳入合同结算价款中。扣除实际发生金额后的暂列金额余额仍属于发包人所有。设立暂列金额并不能保证合同结算价格就不会再出现超过合同价格的情况，是否超出合同价格完全取决于工程量清单编制人暂列金额预测的准确性，以及工程建设过程是否出现了其他事先未预测到的事件。

（2）暂估价　暂估价是指招标阶段直至签订合同协议时，招标人在招标文件中提供的用于支付必然发生但暂时不能确定价格的材料、工程设备的单价以及专业工程的金额。暂估价包括材料暂估单价和专业工程暂估价。暂估价类似于 FIDIC 合同条款中的 Prime Cost Items，在招标阶段预见肯定要发生，只是因为标准不明确或者需要由专业承包人完成，暂时无法确定价格。暂估价数量和拟用项目应当结合工程量清单中的"暂估价表"予以补充说明。

为方便合同管理，需要纳入分部分项工程量清单项目综合单价中的暂估价应只是材料费，以方便投标人组价。

专业工程的暂估价一般应是综合暂估价，应当包括除规费和税金以外的管理费、利润等取费。总承包招标时，专业工程设计深度往往是不够的，一般需要交由专业设计人设计，国际上，出于提高可建造性考虑，一般由专业承包人负责设计，以发挥其专业技能和专业施工经验的优势。这类专业工程交由专业分包人完成是国际工程的良好实践，目前在我国工程建设领域也已经比较普遍。公开透明地合理确定这类暂估价的实际开支金额的最佳途径，就是通过施工总承包人与工程建设项目招标人共同组织的招标。

（3）计日工　计日工是为解决现场发生的零星工作的计价而设立的，其为额外工作和变更的计价提供了一个方便快捷的途径。计日工适用的所谓零星工作一般是指合同约定之外的或者因变更而产生的、工程量清单中没有相应项目的额外工作，尤其是那些时间不允许事先商定价格的额外工作。计日工以完成零星工作所消耗的人工工时、材料数量、机械台班进行计量，并按照计日工表中填报的适用项目的单价进行计价支付。国际上常见的标准合同条款中，大多数都设立了计日工（daywork）计价机制。但在我国以往的工程量清单计价实践中，由于计日工项目的单价水平一般要高于工程量清单项目的单价水平，因而经常被忽略。从理论上讲，由于计日工往往是用于一些突发性的额外工作，缺少计划性，承包人在调动施工生产资源方面难免会影响已经计划好的工作，生产资源的使用效率也有一定的降低，客观上造成超出常规的额外投入。另外，其他项目清单中计日工往往是一个暂定的数量，其无法纳入有效的竞争。所以合理的计日工单价水平一定是要高于工程量清单的价格水平的。为获得合理的计日工单价，发包人在其他项目清单中对计日工一定要给出暂定数量，并需要根据经验尽可能估算一个较接近实际的数量。

（4）总承包服务费　总承包服务费是总承包人为配合协调发包人进行的专业工程发包，对发包人自行采购的材料、工程设备等进行保管以及施工现场管理、竣工资料汇总整理等服务所需的费用。招标人应预计该项费用并按投标人的投标报价向投标人支付该项费用。

当工程实际中出现上述第（1）条中未列出的其他项目清单项目时，可根据工程实际情况进行补充，如工程竣工结算时出现的索赔和现场签证等。

四、规费项目清单

规费是根据国家法律、法规规定，由省级政府或省级有关权力部门规定施工企业必须缴纳的，应计入建筑安装工程造价的费用。根据住房城乡建设部、财政部"关于印发《建筑安装工程费用项目组成》的通知"（建标［2013］44号）的规定，规费包括社会保险费（养老保险费、失业保险费、医疗保险费、生育保险费、工伤保险费）、住房公积金、工程排污费。清单编制人对《建筑安装工程费用项目组成》未包括的规费项目，在编制规费项目清单时应根据省级政府或省级有关权力部门的规定列项。

规费项目清单中应按下列内容列项。

①社会保险费：包括养老保险费、失业保险费、医疗保险费、生育保险费、工伤保

险费。②住房公积金。③工程排污费。

五、税金项目清单

根据住房城乡建设部、财政部"关于印发《建筑安装工程费用项目组成》的通知"（建标［2013］44 号）的规定，目前我国税法规定应计入建筑安装工程造价的税种包括营业税、城市维护建设税、教育费附加及地方教育附加。如国家税法发生变化，税务部门依据职权增加了税种，应对税金项目清单进行补充。

税金项目清单应按下列内容列项。

①营业税。②城市维护建设税。③教育费附加。④地方教育附加。

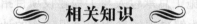

相关知识

工程量清单计价现阶段存在的主要问题

采用工程量清单计价的方法是国际上普遍使用的通行做法，已经有近百年的历史，具有广泛的适应性，也是比较科学合理、实用的。实际上，国际通行的工程合同文本、工程管理模式等与工程量清单计价也都是相配套的。我国加入 WTO 后，必然伴随着引入国际通行的计价模式。虽然我国已经开始推行招投标阶段的工程量清单计价方法，但由于处于起步阶段，应用也比较少。从目前来看，在工程量清单计价过程中存在着如下问题。

1. 企业缺乏自主报价的能力

工程量清单计价方法实施的关键在于企业的自主报价。但是，由于大多数施工企业未能形成自己的企业定额，在制定综合单价时，多是按照地区定额内各相应子目的工料消耗量，乘以自己在支付工人工资、购买材料、使用机械和消耗能源方面的市场单价，再加上由地区定额清单内的细目划分变成一个个独立的分部分项工程项目去套用定额，其实质仍旧沿用了定额计价模式。这个问题并不是工程量清单计价法的固有缺点，而是由于应用不完善造成的。因此，企业定额体系的建立是推行工程量清单计价的重要工作。运用自己的企业定额资料去制定工程量清单中的报价，材料损耗、用工损耗、机械种类和使用办法、管理费用的构成等各项指标都是按本企业的具体情况制定的，表现自己企业施工和管理上的个性特点，增强企业的竞争力。

2. 缺乏与工程量清单计价相配套的工程造价管理制度

目前规范工程量清单计价的制度主要是国家标准《建设工程工程量清单计价规范》。主要包括全国统一工程量清单编制规则和全国统一工程量清单计量规则。但施行工程量清单计价必须配套有详细明确的工程合同管理办法。我国虽然由住建部、国家工商总局颁布实施了《建设工程施工合同（示范文本）》，但在工程量清单计价法推广实施后没有就新的计价办法配合相应的合同管理模式，使得招投标所确定的工程合同价在实施过程当中没有相应的合同管理措施。

3. 对工程量清单计价模式本身的认识还有所欠缺

如前所述，工程量清单计价是与定额计价法相并列的一种计价模式，其核心是为了配合工程价格的管理制度改革。而在工程量清单计价法推广后，工程造价管理部门需要新的观念和新的造价管理模式，适应这项改革工作。

第4节　工程量清单计价常用表格

∽ 要　点 ∽

本节主要介绍工程量清单的常用表格：封面、扉页、总说明、工程计价汇总表、分部分项工程和措施项目计价表。

∽ 解　释 ∽

一、封面

1. 招标工程量清单（封-1）

_____工程

招标工程量清单

招标人：_____
　　　　　　（单位盖章）

造价咨询人：_____
　　　　　　（单位盖章）

年　　月　　日

封-1

2. 招标控制价（封-2）

_____工程

招标控制价

招标人：_____
　　　　　　（单位盖章）

造价咨询人：_____
　　　　　　（单位盖章）

年　　月　　日

封-2

3. 投标总价（封-3）

_____工程

投标总价

招标人：_____

（单位盖章）

年　月　日

4. 竣工结算书（封-4）

_____工程

竣工结算书

发包人：_____

（单位盖章）

承包人：_____

（单位盖章）

造价咨询人：_____

（单位盖章）

年　月　日

5. 工程造价鉴定意见书（封-5）

_____工程

编号：×××[2×××]××号

工程造价鉴定意见书

造价咨询人：_____

（单位盖章）

年 月 日

二、扉页

1. 招标工程量清单（扉-1）

_____工程

招标工程量清单

招标人：_____   造价咨询人：_____
（单位盖章）   （单位盖章）

法定代表人   法定代表人
或其授权人：_____ 或其授权人：_____
（签字或盖章）   （签字或盖章）

编制人：_____   复核人：_____
（造价人员签字盖专用章）   （造价工程师签字盖专用章）

编制时间： 年 月 日   复核时间： 年 月 日

2. 招标控制价（扉-2）

_____工程

招 标 控 制 价

招标控制价(小写)_____

　　　　(大写)_____

招标人：_____　　　　　　　造价咨询人：_____

　　(单位盖章)　　　　　　　　　　　　　(单位资质专用章)

法定代表人　　　　　　　　　　　　　法定代表人

或其授权人：_____　　　　或其授权人：_____

　　(签字或盖章)　　　　　　　　　　　(签字或盖章)

编制人：_____　　　　　　复核人：_____

　(造价人员签字盖专用章)　　　　　　(造价工程师签字盖专用章)

编制时间：　年　月　日　　　　　复核时间：　年　月　日

3. 投标总价 （扉-3）

投 标 总 价

投标人：_____

工程名称：_____

投标总价(小写)：_____

（大写）：_____

投标人：_____

（单位盖章）

法定代表人

或其授权人：_____

（签字或盖章）

编制人：_____

（造价人员签字盖专用章）

时　间：　　年　月　日

4. 竣工结算总价 (扉-4)

_____工程

竣工结算总价

签约合同价(小写)：_____(大写)：_____

竣工结算价(小写)：_____(大写)：_____

发包人：_____   承包人：_____   造价咨询人：_____

　　(单位盖章)　　　　　　　(单位盖章)　　　　　　　(单位资质专用章)

法定代表人　　　　　　　法定代表人　　　　　　　法定代表人

或其授权人：_____   或其授权人：_____   或其授权人：_____

　　(签字或盖章)　　　　　(签字或盖章)　　　　　　(签字或盖章)

编制人：_____   核对人：_____

　(造价人员签字盖专用章)　　　　(造价工程师签字盖专用章)

编制时间： 年 月 日   核对时间： 年 月 日

5. 工程造价鉴定意见书（扉-5）

_____工程

工程造价鉴定意见书

鉴定结论：

造价咨询人：_____
　　　　　　　　　　（盖单位章及资质专用章）

法定代表人：_____
　　　　　　　　　　　　（签字或盖章）

造价工程师：_____
　　　　　　　　　　　（签字盖专用章）

　　　　　　　　年　　月　　日

三、总说明（表-01）

总说明

工程名称：　　　　　　　　　　　　　　　　　　　　第　页共　页

表-01

四、工程计价汇总表

1. 建设项目招标控制价/投标报价汇总表（表-02）

建设项目招标控制价/投标报价汇总表

工程名称：　　　　　　　　　　　　　　　　　　　　　　　第　页共　页

序号	单项工程名称	金额/元	其中：/元		
			暂估价	安全文明施工费	规费
	合计				

注：本表适用于建设项目招标控制价或投标报价的汇总。

表-02

2. 单项工程招标控制价/投标报价汇总表（表-03）

单项工程招标控制价/投标报价汇总表

工程名称：　　　　　　　　　　　　　　　　　　　　　　　第　页共　页

序号	单项工程名称	金额/元	其中：/元		
			暂估价	安全文明施工费	规费
	合计				

注：本表适用于单项工程招标控制价或投标报价的汇总。暂估价包括分部分项工程中的暂估价和专业工程暂估价。

表-03

3. 单位工程招标控制价/投标报价汇总表（表-04）

单位工程招标控制价/投标报价汇总表

工程名称：　　　　　　　　标段：　　　　　　　　第　页共　页

序号	汇总内容	金额/元	其中:暂估价/元
1	分部分项工程		
1.1			
1.2			
1.3			
1.4			
1.5			
2	措施项目		—
2.1	其中:安全文明施工费		—
3	其他项目		—
3.1	其中:暂列金额		—
3.2	其中:专业工程暂估价		—
3.3	其中:计日工		—
3.4	其中:总承包服务费		—
4	规费		—
5	税金		—
招标控制价合计＝1＋2＋3＋4＋5			

注：本表适用于单位工程招标控制价或投标报价的汇总，如无单位工程划分，单项工程也使用本表汇总。

表-04

4. 建设项目竣工结算汇总表（表-05）

建设项目竣工结算汇总表

工程名称：　　　　　　　　　　　　　　　　第　页共　页

序号	单项工程名称	金额/元	其中：/元	
			安全文明施工费	规费
合计				

表-05

5. 单项工程竣工结算汇总表（表-06）

单项工程竣工结算汇总表

工程名称：　　　　　　　　　　　　　　　　　　　　　　　　　第　页共　页

序号	单项工程名称	金额/元	其中：/元	
			安全文明施工费	规费
	合计			

表-06

6. 单位工程竣工结算汇总表（表-07）

单位工程竣工结算汇总表

工程名称：　　　　　　　标段：　　　　　　　　　　　　　　　第　页共　页

序号	汇总内容	金额/元
1	分部分项工程	
1.1		
1.2		
1.3		
1.4		
1.5		
2	措施项目	
2.1	其中:安全文明施工费	
3	其他项目	
3.1	其中:专业工程结算价	
3.2	其中:计日工	
3.3	其中:总承包服务费	
3.4	其中:索赔与现场签证	
4	规费	
5	税金	
	竣工结算总价合计＝1＋2＋3＋4＋5	

注：如无单位工程划分，单项工程也使用本表汇总。

表-07

五、分部分项工程和措施项目计价表

1. 分部分项工程和单价措施项目清单与计价表（表-08）

分部分项工程和单价措施项目清单与计价表

工程名称：　　　　　　标段：　　　　　　　　　　　　第　页共　页

序号	项目编码	项目名称	项目特征描述	计算单位	工程量	金额/元		
						综合单价	合价	其中
								暂估价
本页小计								
合计								

注：为记取规费等的使用，可在表中增设"其中：定额人工费"。

表-08

2. 综合单价分析表（表-09）

综合单价分析表

工程名称：　　　　　　标段：　　　　　　　　　　　　第　页共　页

项目编码		项目名称		计量单位		工程量	
综合单价组成明细							

定额编号	定额名称	定额单位	数量	单价/元				合价/元			
				人工费	材料费	机械费	管理费和利润	人工费	材料费	机械费	管理费和利润
人工单价		小计									
元/工日		未计价材料费									
清单项目综合单价											

材料费明细	主要材料名称、规格、型号		单位	数量	单价/元	合价/元	暂估单价/元	暂估合价/元
	其他材料费				—		—	
	材料费小计				—		—	

注：1. 如不使用省级或行业建设主管部门发布的计价依据，可不填定额编号、名称等。

2. 招标文件提供了暂估单价的材料，按暂估的单价填入表内"暂估单价"栏及"暂估合价"栏。

表-09

3. 综合单价调整表（表-10）

综合单价调整表

工程名称：　　　　　　　标段：　　　　　　　　　　　　　　　　第　页共　页

序号	项目编码	项目名称	已标价清单综合单价/元					调整后综合单价/元				
			综合单价	其中				综合单价	其中			
				人工费	材料费	机械费	管理费和利润		人工费	材料费	机械费	管理费和利润

造价工程师(签章)：　发包人代表(签章)：　　　　造价人员(签章)：　承包人代表(签章)：

日期：　　　　　　　　　　　　　　　　　日期：

注：综合单价调整应附调整依据。

表-10

4. 总价措施项目清单与计价表（表-11）

总价措施项目清单与计价表

工程名称：　　　　　　　标段：　　　　　　　　　　　　　　　　第　页共　页

序号	项目编码	项目名称	计算基础	费率/%	金额/元	调整费率/%	调整后金额/元	备注
		安全文明施工费						
		夜间施工增加费						
		二次搬运费						
		冬雨季施工增加费						
		已完工程及设备保护						
		合计						

编制人（造价人员）：　　　　　　　　　　　　　　　复核人（造价工程师）：

注：1. "计算基础"中安全文明施工费可为"定额基价"、"定额人工费"或"定额人工费＋定额机械费"，其他项目可为"定额人工费"或"定额人工费＋定额机械费"。

2. 按施工方案计算的措施费，若无"计算基础"和"费率"的数值，也可只填"金额"数值，但应在备注栏说明施工方案出处或计算方法。

表-11

∽ᴈ 相关知识 ∈∾

推行工程量清单计价应加强的工作

1. 应当加快施工招标机构的自身建设

加强工程建设招标机构自身建设方面，一是要建立高层次、有权威的工程招标管理机构，扩大工程招标设施的规模，并且提高设施的技术装备水平，不仅把工程施工发包纳入工程招标中心，还要把建设监理、勘察设计、设备采购归拢起来；不仅把一般工业与民用建筑发包，还要把铁路、公路、水电等专业工程纳入工程招标中心；二是实行工程招标管理专业化，建立统一的招标服务机构，专门负责工程报建、信息发布、后勤服务等工作；建立分专业的招标管理机构，协调有关建设管理单位，按照各自的职能对工程招标进行监管；三是对工程招标的各个环节实行规范管理，包括招标信息披露、招标文件、现场踏勘、招标文件及设计图纸答疑、评分标准、评委组成及其人选资格等，制定标准文本和规范性的操作要求。

2. 必须加快建设市场中介组织

建筑产品及其生产过程的特殊性，加上业主不可能熟悉建筑市场的体制、运行规则和工程本身，它和承包商也就不可能是地位平等的市场主体。所以，工程中介代理机构在建筑市场中起到至关重要的作用。中介代理机构的业务范围、资质条件、从业资格如何确定，如何规范设立，是一个亟待解决的问题。应当充分发挥中介结构自己的专业优势，大力拓展招标咨询业务，提高人员素质，积累工作经验，适应工程量清单计价这一新的计价模式。

3. 加强法律、制度建设和宣传教育工作

对业主、承包商、中介组织、管理部门来说，工程量清单计价方法毕竟是一个新东西，需要有一个学习和适应的过程。通过学习借鉴、调查研究和试点城市、试点工程，提高认识、掌握知识、摸索经验。同时，要采取措施普及这方面的知识，使得工程造价管理的从业人员对工程量清单计价方法有全面、系统的认识，为普及这一市场定价模式奠定基础。

第4章
电气工程工程量计算规则

第1节 变 压 器

∽ 要 点 ∽

本节主要介绍变压器的定额说明、变压器安装的全国统一定额工程量计算规则及变压器安装工程量清单项目设置及工程量计算规则。

∽ 解 释 ∽

一、变压器定额说明

（1）油浸电力变压器安装定额同样适用于自耦式变压器、带负荷调压变压器及并联电抗器的安装。电炉变压器按同容量电力变压器定额乘以系数 2.0，整流变压器执行同容量电力变压器定额乘以系数 1.60。

（2）变压器的器身检查：4000kV·A 以下是按吊芯检查考虑，4000kV·A 以上是按吊钟罩考虑；如果 4000kV·A 以上的变压器需吊芯检查时，定额机械乘以系数 2.0。

（3）干式变压器如果带有保护外罩时，人工和机械乘以系数 1.2。

（4）整流变压器、消弧线圈、并联电抗器的干燥，执行同容量变压器干燥定额。电炉变压器执行同容量变压器干燥定额乘以系数 2.0。

（5）变压器油是按设备带来考虑的，但施工中变压器油的过滤损耗及操作损耗已包括在有关定额中。

（6）变压器安装过程中放注油、油过滤所使用的油罐，已摊入油过滤定额中。

（7）全国统一安装工程预算定额第二册《电气设备安装工程》第一章变压器不包括的工作内容如下。

① 变压器干燥棚的搭拆工作，若发生时可按实计算。

② 变压器铁梯及母线铁构件的制作、安装，另执行铁构件制作、安装定额。

③ 瓦斯继电器的检查及试验已列入变压器系统调整试验定额内。

④ 端子箱、控制箱的制作、安装，执行相应定额。

⑤ 二次喷漆发生时按相应定额执行。

二、变压器安装全国统一定额工程量计算规则

（1）变压器安装，按不同容量以"台"为计量单位。

（2）干式变压器如果带有保护罩时，其定额人工和机械乘以系数 2.0。

（3）变压器通过试验，判定绝缘受潮时才需进行干燥，所以只有需要干燥的变压器才能计取此项费用（编制施工图预算时可列此项，工程结算时根据实际情况再作处理），以"台"为计量单位。

（4）消弧线圈的干燥按同容量电力变压器干燥定额执行，以"台"为计量单位。

（5）变压器油过滤不论过滤多少次，直到过滤合格为止，以"t"为计量单位，其具体计算方法如下。

① 变压器安装定额未包括绝缘油的过滤，需要过滤时，可按制造厂提供的油量计算。

② 油断路器及其他充油设备的绝缘油过滤，可按制造厂规定的充油量计算。

三、变压器安装工程量清单项目设置及工程量计算规则

变压器安装的工程量清单项目设置及工程量计算规则，应按表 4-1 的规定执行。

表 4-1　变压器安装（编码：030401）

项目编码	项目名称	项目特征	计量单位	工程量计算规则	工作内容
030401001	油浸电力变压器	1. 名称 2. 型号 3. 容量(kV·A) 4. 电压(kV) 5. 油过滤要求 6. 干燥要求 7. 基础型钢形式、规格 8. 网门、保护门材质、规格 9. 温控箱型号、规格	台	按设计图示数量计算	1. 本体安装 2. 基础型钢制作、安装 3. 油过滤 4. 干燥 5. 接地 6. 网门、保护门制作、安装 7. 补刷(喷)油漆
030401002	干式变压器				1. 本体安装 2. 基础型钢制作、安装 3. 温控箱安装 4. 接地 5. 网门、保护门制作、安装 6. 补刷(喷)油漆
030401003	整流变压器	1. 名称 2. 型号 3. 容量(kV·A) 4. 电压(kV) 5. 油过滤要求 6. 干燥要求 7. 基础型钢形式、规格 8. 网门、保护门材质、规格			1. 本体安装 2. 基础型钢制作、安装 3. 油过滤 4. 干燥 5. 网门、保护门制作、安装 6. 补刷(喷)油漆
030401004	自耦变压器				
030401005	有载调压变压器				

续表

项目编码	项目名称	项目特征	计量单位	工程量计算规则	工作内容
030401006	电炉变压器	1. 名称 2. 型号 3. 容量(kV·A) 4. 电压(kV) 5. 基础型钢形式、规格 6. 网门、保护门材质、规格	台	按设计图示数量计算	1. 本体安装 2. 基础型钢制作、安装 3. 网门、保护门制作、安装 4. 补刷(喷)油漆
030401007	消弧线圈	1. 名称 2. 型号 3. 容量(kV·A) 4. 电压(kV) 5. 油过滤要求 6. 干燥要求 7. 基础型钢形式、规格			1. 本体安装 2. 基础型钢制作、安装 3. 油过滤 4. 干燥 5. 补刷(喷)油漆

注：变压器油如需试验、化验、色谱分析应按《通用安装工程工程量计算规范》（GB 50856—2013）附录N措施项目相关项目编码列项。

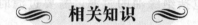

相关知识

变压器简介

变压器是变电所的主要设备。它的作用是变换电压。

在电力系统中，为减小线路上的功率损耗，实现远距离输电，用变压器将发电机发出的电能电压升高后再送入输电电网。在配电地点，为了用户安全和降低用电设备的制造成本，先用变压器将电压降低，然后分配给用户。

变压器的种类很多，电力系统中常用三相电力变压器，有油浸式和干式之分。干式变压器的铁芯和绕组都不浸在任何绝缘液体中，它一般用于安全防火要求较高的场合。油浸式变压器外壳是一个油箱，内部装满变压器油，套装在铁芯上的原、副绕组都要浸没在变压器油中。

第2节 配电装置

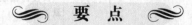

本节主要介绍配电装置的定额说明、配电装置安装的全国统一定额工程量计算规则及配电装置安装工程量清单项目设置及工程量计算规则。

一、配电装置定额说明

（1）设备本体所需的绝缘油、六氟化硫气体、液压油等均按设备带有考虑。

（2）全国统一安装工程预算定额第二册《电气设备安装工程》第二章配电装置中设

备安装定额不包括下列工作内容，需另执行相应定额。

①端子箱安装。②设备支架制作及安装。③绝缘油过滤。④基础槽（角）钢安装。

(3) 设备安装所需的地脚螺栓按土建预埋考虑，不包括二次灌浆。

(4) 互感器安装定额系按单相考虑，不包括抽芯及绝缘油过滤。特殊情况另作处理。

(5) 电抗器安装定额系按三相叠放、三相平放和二叠一平的安装方式综合考虑，不论何种安装方式，均不作换算，一律执行本定额。干式电抗器安装定额适用于混凝土电抗器、铁芯干式电抗器和空心电抗器等干式电抗器的安装。

(6) 高压成套配电柜安装定额系综合考虑的，不分容量大小，也不包括母线配制及设备干燥。

(7) 低压无功补偿电容器屏（柜）安装列入全国统一安装工程预算定额第二册《电气设备安装工程》第四章中。

(8) 组合型成套箱式变电站主要是指 10kV 以下的箱式变电站，一般布置形式为变压器在箱的中间，箱的一端为高压开关位置，另一端为低压开关位置。组合型低压成套配电装置，外形像一个大型集装箱，内装 6~24 台低压配电箱（屏），箱的两端开门，中间为通道，称为集装箱式低压配电室。该内容列入本定额的控制设备及低压电器中。

二、配电装置安装全国统一定额工程量计算规则

(1) 断路器、电流互感器、电压互感器、油浸电抗器、电力电容器及电容器柜的安装，以"台（个）"为计量单位。

(2) 隔离开关、负荷开关、熔断器、避雷器、干式电抗器的安装，以"组"为计量单位，每组按三相计算。

(3) 交流滤波装置的安装以"台"为计量单位。每套滤波装置包括三台组架安装，不包括设备本身及铜母线的安装，其工程量应按相应定额另行计算。

(4) 高压设备安装定额内均不包括绝缘台的安装，其工程量应按施工图设计执行相应定额。

(5) 高压成套配电柜和箱式变电站的安装以"台"为计量单位，均未包括基础槽钢、母线及引下线的配置安装。

(6) 配电设备安装的支架、抱箍及延长轴、轴套、间隔板等，按施工图设计的需要量计算，执行《全国统一安装工程预算定额》第二册《电气设备安装工程》第四章铁构件制作安装定额或成品价。

(7) 绝缘油、六氟化硫气体、液压油等均按设备带有考虑。电气设备以外的加压设备和附属管道的安装应按相应定额另行计算。

(8) 配电设备的端子板外部接线，应按相应定额另行计算。

(9) 设备安装用的地脚螺栓按土建预埋考虑，不包括二次灌浆。

三、配电装置安装工程量清单项目设置及工程量计算规则

配电装置安装的工程量清单项目设置及工程量计算规则，应按表 4-2 的规定执行。

表 4-2 配电装置安装 (编码：030402)

项目编码	项目名称	项目特征	计量单位	工程量计算规则	工作内容
030402001	油断路器	1. 名称 2. 型号 3. 容量(A) 4. 电压等级(kV) 5. 安装条件 6. 操作机构名称及型号 7. 基础型钢规格 8. 接线材质、规格 9. 安装部位 10. 油过滤要求	台	按设计图示数量计算	1. 本体安装、调试 2. 基础型钢制作、安装 3. 油过滤 4. 补刷(喷)油漆 5. 接地
030402002	真空断路器				
030402003	SF₆ 断路器				1. 本体安装、调试 2. 基础型钢制作、安装 3. 补刷(喷)油漆 4. 接地
030402004	空气断路器	1. 名称 2. 型号 3. 容量(A) 4. 电压等级(kV) 5. 安装条件 6. 操作机构名称及型号 7. 接线材质、规格 8. 安装部位			
030402005	真空接触器		组		1. 本体安装、调试 2. 补刷(喷)油漆 3. 接地
030402006	隔离开关				
030402007	负荷开关				
030402008	互感器	1. 名称 2. 型号 3. 规格 4. 类型 5. 油过滤要求	台		1. 本体安装、调试 2. 干燥 3. 油过滤 4. 接地
030402009	高压熔断器	1. 名称 2. 型号 3. 规格 4. 安装部位			1. 本体安装、调试 2. 接地
030402010	避雷器	1. 名称 2. 型号 3. 规格 4. 电压等级 5. 安装部位	组		1. 本体安装 2. 接地
030402011	干式电抗器	1. 名称 2. 型号 3. 规格 4. 质量 5. 安装部位 6. 干燥要求			1. 本体安装 2. 干燥
030402012	油浸电抗器	1. 名称 2. 型号 3. 规格 4. 容量(kV·A) 5. 油过滤要求 6. 干燥要求	台		1. 本体安装 2. 油过滤 3. 干燥
030402013	移相及串联电容器	1. 名称 2. 型号 3. 规格 4. 质量 5. 安装部位	个		1. 本体安装 2. 接地
030402014	集合式并联电容器				

续表

项目编码	项目名称	项目特征	计量单位	工程量计算规则	工作内容
030402015	并联补偿电容器组架	1. 名称 2. 型号 3. 规格 4. 结构形式	台	按设计图示数量计算	1. 本体安装 2. 接地
030402016	交流滤波装置组架	1. 名称 2. 型号 3. 规格			1. 本体安装 2. 接地
030402017	高压成套配电柜	1. 名称 2. 型号 3. 规格 4. 母线配置方式 5. 种类 6. 基础型钢形式、规格			1. 本体安装 2. 基础型钢制作、安装 3. 补刷(喷)油漆 4. 接地
030402018	组合型成套箱式变电站	1. 名称 2. 型号 3. 容量(kV·A) 4. 电压(kV) 5. 组合形式 6. 基础规格、浇筑材质			1. 本体安装 2. 基础浇筑 3. 进箱母线安装 4. 补刷(喷)油漆 5. 接地

注：1. 空气断路器的储气罐及储气罐至断路器的管路应按《通用安装工程工程量计算规范》(GB 50856—2013)附录 H 工业管道工程相关项目编码列项。

2. 干式电抗器项目适用于混凝土电抗器、铁芯干式电抗器、空心干式电抗器等。

3. 设备安装未包括地脚螺栓、浇注（二次灌浆、抹面），如需安装应按现行国家标准《房屋建筑与装饰工程工程量计算规范》(GB 50854—2013)相关项目编码列项。

✿✿ 相关知识 ✿✿

配电装置的组成

配电装置可分为高压配电装置和低压配电装置两大类。高、低压配电装置各由五个部分组成。

1. 高压配电装置组成

(1) 开关设备　包括：高压断路器、高压负荷开关、高压隔离开关等。

(2) 测量设备　包括：电压互感器和电流互感器。

(3) 连接母线

(4) 保护设备　包括：高压熔断器和电压、电流继电器等。

(5) 控制设备、端子箱等

2. 低压配电装置组成

(1) 线路控制设备　包括：

手动，胶盖瓷底闸刀开关、铁壳开关、组合开关、控制按钮等。

自动，自动空气开关、交流接触器、磁力启动器等。

(2) 测量仪器仪表　包括：

指示仪表，电流表、电压表、功率表、功率因数表等。

计量仪表，有功电度表、无功电度表及与仪表相配套的电压互感器、电流互感器等。

（3）母线及二次线　二次线包括：测量、信号、保护、控制回路的连接线。

（4）保护设备　包括：熔断器、继电器、触电保安器等。

（5）配电箱（盘）　包括：配电箱、柜、盘等。

第3节　母　线

要　点

本节主要介绍母线的定额说明、母线安装的全国统一定额工程量计算规则及母线安装工程量清单项目设置及工程量计算规则。

解　释

一、母线、绝缘子定额说明

① 全国统一安装工程预算定额第二册《电气设备安装工程》第三章母线、绝缘子不包括支架、铁构件的制作、安装，发生时执行相应定额。

② 软母线、带形母线、槽型母线的安装定额内不包括母线、金具、绝缘子等主材，具体可按设计数量加损耗计算。

③ 组合软导线安装定额不包括两端铁构件制作、安装和支持瓷瓶、带形母线的安装，发生时应执行相应定额。其跨距是按标准跨距综合考虑的，如实际跨距与定额不符时不作换算。

④ 软母线安装定额是按单串绝缘子考虑的，如设计为双串绝缘子，其定额人工乘以系数 1.08。

⑤ 软母线的引下线、跳线、设备连线均按导线截面分别执行定额。不区分引下线、跳线和设备连线。

⑥ 带形钢母线安装执行铜母线安装定额。

⑦ 带形母线伸缩节头和铜过渡板均按成品考虑，定额只考虑安装。

⑧ 高压共箱母线和低压封闭式插接母线槽均按制造厂供应的成品考虑，定额只包含现场安装。封闭式插接母线槽在竖井内安装时，人工和机械乘以系数 2.0。

二、母线安装全国统一定额工程量计算规则

① 悬垂绝缘子串安装，指垂直或 V 形安装的提挂导线、跳线、引下线、设备连接线或设备等所用的绝缘子串安装，按单、双串分别以"串"为计量单位。耐张绝缘子串的安装，已包括在软母线安装定额内。

② 支持绝缘子安装分别按安装在户内、户外、单孔、双孔、四孔固定，以"个"为计量单位。

③ 穿墙套管安装不分水平、垂直安装。均以"个"为计量单位。

④ 软母线安装，指直接由耐张绝缘子串悬挂部分，按软母线截面大小分别以"跨/三相"为计量单位。设计跨距不同时，不得调整。导线、绝缘子、线夹、弛度调节金具等均按施工图设计用量加定额规定的损耗率计算。

⑤ 软母线引下线，指由 T 型线夹或并沟线夹从软母线引向设备的连接线，以"组"为计量单位，每三相为一组；软母线经终端耐张线夹引下（不经 T 型线夹或并沟线夹引下）与设备连接的部分均执行引下线定额，不得换算。

⑥ 两跨软母线间的跳引线安装，以"组"为计量单位，每三相为一组。不论两端的耐张线夹是螺栓式或压接式，均执行软母线跳线定额，不得换算。

⑦ 设备连接线安装，指两设备间的连接部分。不论引下线、跳线、设备连接线，均应分别按导线截面、三相为一组计算工程量。

⑧ 组合软母线安装，按三相为一组计算，跨距（包括水平悬挂部分和两端引下部分之和）系以 45m 以内考虑，跨度的长与短不得调整。导线、绝缘子、线夹、金具按施工图设计用量加定额规定的损耗率计算。

⑨ 软母线安装预留长度按表 4-3 计算。

表 4-3 软母线安装预留长度　　　　　　　　　　　　单位：m/根

项 目	耐 张	跳 线	引下线、设备连接线
预留长度	2.5	0.8	0.6

⑩ 带型母线安装及带型母线引下线安装包括铜排、铝排，分别以不同截面和片数以"m/单相"为计量单位。母线和固定母线的金具均按设计量加损耗率计算。

⑪ 钢带型母线安装，按同规格的铜母线定额执行，不得换算。

⑫ 母线伸缩接头及铜过渡板安装，均以"个"为计量单位。

⑬ 槽型母线安装以"m/单相"为计量单位。槽型母线与设备连接，分别以连接不同的设备以"台"为计量单位。槽型母线及固定槽型母线的金具按设计用量加损耗率计算。壳的大小尺寸以"m"为计量单位，长度按设计共箱母线的轴线长度计算。

⑭ 低压（指 380V 以下）封闭式插接母线槽安装，分别按导体的额定电流大小以"m"为计量单位，长度按设计母线的轴线长度计算，分线箱以"台"为计量单位，分别以电流大小按设计数量计算。

⑮ 重型母线安装包括铜母线、铝母线，分别按截面大小以母线的成品质量以"t"为计量单位。

⑯ 重型铝母线接触面加工指铸造件需加工接触面时，可以按其接触面大小，分别以"片/单相"为计量单位。

⑰ 硬母线配置安装预留长度按表 4-4 的规定计算。

表 4-4 硬母线安装预留长度　　　　　　　　　　　　单位：m/根

序号	项 目	预留长度	说 明
1	带形、槽形母线终端	0.3	从最后一个支持点算起
2	带形、槽形母线与分支线连接	0.5	分支线预留

续表

序号	项 目	预留长度	说 明
3	带形母线与设备连接	0.5	从设备端子接口算起
4	多片重型母线与设备连接	1.0	从设备端子接口算起
5	槽形母线与设备连接	0.5	从设备端子接口算起

⑱ 带形母线、槽形母线安装均不包括支持瓷瓶安装和钢构件配置安装,其工程量应分别按设计成品数量执行相应定额。

三、母线安装工程量清单项目设置及工程量计算规则

母线安装的工程量清单项目设置及工程量计算规则,应按表 4-5 的规定执行。

表 4-5 母线安装(编码:030403)

项目编码	项目名称	项目特征	计量单位	工程量计算规则	工作内容
030403001	软母线	1. 名称 2. 材质 3. 型号 4. 规格 5. 绝缘子类型、规格			1. 母线安装 2. 绝缘子耐压试验 3. 跳线安装 4. 绝缘子安装
030403002	组合软母线				
030403003	带形母线	1. 名称 2. 型号 3. 规格 4. 材质 5. 绝缘子类型、规格 6. 穿墙套管材质、规格 7. 穿通板材质、规格 8. 母线桥材质、规格 9. 引下线材质、规格 10. 伸缩节、过渡板材质、规格 11. 分相漆品种		按设计图示尺寸以单相长度计算(含预留长度)	1. 母线安装 2. 穿通板制作、安装 3. 支持绝缘子、穿墙套管的耐压试验、安装 3. 引下线安装 4. 伸缩节安装 5. 过渡板安装 6. 刷分相漆
030403004	槽形母线	1. 名称 2. 型号 3. 规格 4. 材质 5. 连接设备名称、规格 6. 分相漆品种	m		1. 母线制作、安装 2. 与发电机、变压器连接 3. 与断路器、隔离开关连接 4. 刷分相漆
030403005	共箱母线	1. 名称 2. 型号 3. 规格 4. 材质		按设计图示尺寸以中心线长度计算	1. 母线安装 2. 补刷(喷)油漆
030403006	低压封闭式插接母线槽	1. 名称 2. 型号 3. 规格 4. 容量(A) 5. 线制 6. 安装部位			
030403007	始端箱、分线箱	1. 名称 2. 型号 3. 规格 4. 容量(A)	台	按设计图示数量计算	1. 本体安装 2. 补刷(喷)油漆

续表

项目编码	项目名称	项目特征	计量单位	工程量计算规则	工作内容
030403008	重型母线	1. 名称 2. 型号 3. 规格 4. 容量（A） 5. 材质 6. 绝缘子类型、规格 7. 伸缩器与导板规格	t	按设计图示尺寸以质量计算	1. 母线制作、安装 2. 伸缩器及导板制作、安装 3. 支持绝缘子安装 4. 补刷（喷）油漆

相关知识

母线的分类

母线通常可分为硬母线和软母线两种。硬母线又称汇流排，软母线又包括组合母线。

按材质分为铜母线、铝母线和钢母线三种；按形状可以分为带形、槽形、管形和组合形软母线四种；按安装方式，带形母线有每相一片、二片、三片、四片，组合母线有2根、3根、10根、14根、18根和26根六种。母线安装不包括支持绝缘子安装和母线伸缩接头制作、安装。

第4节 控制设备及低压电器

要 点

本节主要介绍控制设备及低压电器的定额说明、控制设备及低压电器安装的全国统一定额工程量计算规则及控制设备及低压电器安装工程量清单项目设置及工程量计算规则。

解 释

一、控制设备及低压电器定额说明

（1）全国统一安装工程预算定额第二册《电气设备安装工程》第四章控制设备及低压电器包括电气控制设备、低压电器的安装，盘、柜配线，焊（压）接线端子，穿通板制作、安装，基础槽、角钢及各种铁构件、支架制作、安装。

（2）控制设备安装，除限位开关及水位电气信号装置外，其他均未包括支架制作、安装，发生时可执行相应定额。

（3）控制设备安装未包括的工作内容如下。

①二次喷漆及喷字。②电器及设备干燥。③焊、压接线端子。④端子板外部（二次）接线。

（4）屏上辅助设备安装，包括标签框、光字牌、信号灯、附加电阻、连接片等，但不包括屏上开孔工作。

（5）设备的补充油按设备考虑。

（6）各种铁构件制作，均不包括镀锌、镀锡、镀铬、喷塑等其他金属防护费用，发生时应另行计算。

（7）轻型铁构件系指结构厚度在 3mm 以内的构件。

（8）铁构件制作、安装定额适用于定额范围内的各种支架、构件的制作、安装。

二、控制设备及低压电器安装全国统一定额工程量计算规则

① 控制电器安装均以"台"为计量单位。以上设备安装均未包括基础槽钢、角钢的制作安装，其工程量应按相应定额另行计算。

② 铁构件制作安装均按施工图设计尺寸，以成品质量"kg"为计量单位。

③ 网门、保护网制作安装，按网门或保护网设计图示的框外围尺寸，以"m²"为计量单位。

④ 盘柜配线分不同规格，以"m"为计量单位。

⑤ 盘、箱、柜的外部进出线预留长度按表 4-6 计算。

表 4-6 盘、箱、柜的外部进出线预留长度 　　　　　　　　　　单位：m/根

序号	项　目	预留长度	说明
1	各种箱、柜、盘、板	高+宽	按盘面尺寸
2	单独安装(无箱、盘)的铁壳开关、闸刀开关、启动器、线槽进出线盒、箱式电阻器、变阻器	0.5	从安装对象中心算起
3	继电器、控制开关、信号灯、按钮、熔断器等小电器	0.3	从安装对象中心算起
4	分支接头	0.2	分支线预留

⑥ 配电板制作安装及包铁皮，按配电板图示外形尺寸，以"m²"为计量单位。

⑦ 焊（压）接线端子定额只适用于导线。电缆终端头制作安装定额中已包括压接线端子，不得重复计算。

⑧ 端子板外部接线按设备盘、箱、柜、台的外部接线图计算，以"个头"为计量单位。

⑨ 盘、柜配线定额只适用于盘上小设备元件的少量现场配线，不适用于工厂的设备修、配、改工程。

三、控制设备及低压电器安装工程量清单项目设置及工程量计算规则

控制设备及低压电器安装的工程量清单项目设置及工程量计算规则，应按表 4-7 的规定执行。

表 4-7 控制设备及低压电器安装（编码：030404）

项目编码	项目名称	项目特征	计量单位	工程量计算规则	工作内容
030404001	控制屏	1. 名称 2. 型号 3. 规格	台	按设计图示数量计算	1. 本体安装 2. 基础型钢制作、安装 3. 端子板安装
030404002	继电、信号屏	4. 种类 5. 基础型钢形式、规格 6. 接线端子材质、规格			4. 焊、压接线端子 5. 盘柜配线、端子接线 6. 小母线安装
030404003	模拟屏	7. 端子板外部接线材质、规格 8. 小母线材质、规格 9. 屏边规格			7. 屏边安装 8. 补刷(喷)油漆 9. 接地

续表

项目编码	项目名称	项目特征	计量单位	工程量计算规则	工作内容
030404004	低压开关柜(屏)	1. 名称 2. 型号 3. 规格 4. 种类	台	按设计图示数量计算	1. 本体安装 2. 基础型钢制作、安装 3. 端子板安装 4. 焊、压接线端子 5. 盘柜配线、端子接线 6. 屏边安装 7. 补刷(喷)油漆 8. 接地
030404005	弱电控制返回屏	5. 基础型钢形式、规格 6. 接线端子材质、规格 7. 端子板外部接线材质、规格 8. 小母线材质、规格 9. 屏边规格			1. 本体安装 2. 基础型钢制作、安装 3. 端子板安装 4. 焊、压接线端子 5. 盘柜配线、端子接线 6. 小母线安装 7. 屏边安装 8. 补刷(喷)油漆 9. 接地
030404006	箱式配电室	1. 名称 2. 型号 3. 规格 4. 质量 5. 基础规格、浇筑材质 6. 基础型钢形式、规格	套		1. 本体安装 2. 基础型钢制作、安装 3. 基础浇筑 4. 补刷(喷)油漆 5. 接地
030404007	硅整流柜	1. 名称 2. 型号 3. 规格 4. 容量(A) 5. 基础型钢形式、规格			1. 本体安装 2. 基础型钢制作、安装 3. 补刷(喷)油漆 4. 接地
030404008	可控硅柜	1. 名称 2. 型号 3. 规格 4. 容量(kW) 5. 基础型钢形式、规格			
030404009	低压电容器柜	1. 名称 2. 型号 3. 规格 4. 基础型钢形式、规格 5. 接线端子材质、规格 6. 端子板外部接线材质、规格 7. 小母线材质、规格 8. 屏边规格	台		1. 本体安装 2. 基础型钢制作、安装 3. 端子板安装 4. 焊、压接线端子 5. 盘柜配线、端子接线 6. 小母线安装 7. 屏边安装 8. 补刷(喷)油漆 9. 接地
030404010	自动调节励磁屏				
030404011	励磁灭磁屏				
030404012	蓄电池屏(柜)				
030404013	直流馈电屏				
030404014	事故照明切换屏				
030404015	控制台	1. 名称 2. 型号 3. 规格 4. 基础型钢形式、规格 5. 接线端子材质、规格 6. 端子板外部接线材质、规格 7. 小母线材质、规格			1. 本体安装 2. 基础型钢制作、安装 3. 端子板安装 4. 焊、压接线端子 5. 盘柜配线、端子接线 6. 小母线安装 7. 补刷(喷)油漆 8. 接地

项目编码	项目名称	项目特征	计量单位	工程量计算规则	工作内容
030404016	控制箱	1. 名称 2. 型号 3. 规格 4. 基础形式、材质、规格 5. 接线端子材质、规格 6. 端子板外部接线材质、规格 7. 安装方式	台		1. 本体安装 2. 基础型钢制作、安装 3. 焊、压接线端子 4. 补刷(喷)油漆 5. 接地
030404017	配电箱				
030404018	插座箱	1. 名称 2. 型号 3. 规格 4. 安装方式			1. 本体安装 2. 接地
030404019	控制开关	1. 名称 2. 型号 3. 规格 4. 接线端子材质、规格 5. 额定电流(A)	个	按设计图示数量计算	
030404020	低压熔断器	1. 名称 2. 型号 3. 规格 4. 接线端子材质、规格			1. 本体安装 2. 焊、压接线端子 3. 接线
030404021	限位开关				
030404022	控制器		台		
030404023	接触器				
030404024	磁力启动器				
030404025	Y-△自耦减压启动器				
030404026	电磁铁(电磁制动器)				
030404027	快速自动开关				
030404028	电阻器		箱		
030404029	油浸频敏变阻器		台		
030404030	分流器	1. 名称 2. 型号 3. 规格 4. 容量(A) 5. 接线端子材质、规格	个		
030404031	小电器	1. 名称 2. 型号 3. 规格 4. 接线端子材质、规格	个 (套、台)		
030404032	端子箱	1. 名称 2. 型号 3. 规格 4. 安装部位	台		1. 本体安装 2. 接线
030404033	风扇	1. 名称 2. 型号 3. 规格 4. 安装方式			1. 本体安装 2. 调速开关安装

续表

项目编码	项目名称	项目特征	计量单位	工程量计算规则	工作内容
030404034	照明开关	1. 名称 2. 材质 3. 规格 4. 安装方式	个	按设计图示数量计算	1. 本体安装 2. 接线
030404035	插座				
030404036	其他电器	1. 名称 2. 规格 3. 安装方式	个 (套、台)		1. 安装 2. 接线

注：1. 控制开关包括：自动空气开关、刀型开关、铁壳开关、胶盖刀闸开关、组合控制开关、万能转换开关、风机盘管三速开关、漏电保护开关等。

2. 小电器包括：按钮、电笛、电铃、水位电气信号装置、测量表计、继电器、电磁锁、屏上辅助设备、辅助电压互感器、小型安全变压器等。

3. 其他电器安装，指本节未列的电器项目。

4. 其他电器必须根据电器实际名称确定项目名称，明确描述工作内容、项目特征、计量单位、计算规则。

〜 相关知识 〜

低压熔断器

低压熔断器是低压配电系统中用于保护电气设备，免受短路电流过载电流损害的一种保护电器。当电流超过规定值一定时间后，以它本身产生的热量，使熔体熔化。

常用的低压熔断器有瓷插式，螺旋式和管式等，其型号含义如下：

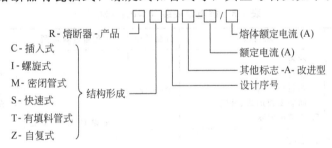

第5节　蓄　电　池

〜 要　点 〜

本节主要介绍蓄电池的定额说明、蓄电池安装的全国统一定额工程量计算规则及蓄电池安装工程量清单项目设置及工程量计算规则。

〜 解　释 〜

一、蓄电池定额说明

① 全国统一安装工程预算定额第二册《电气设备安装工程》第五章蓄电池适用于

220V 以下各种容量的碱性和酸性固定型蓄电池及其防震支架安装、蓄电池充放电。

② 蓄电池防震支架按随设备供货考虑，安装按地坪打眼装膨胀螺栓固定。

③ 蓄电池电极连接条、紧固螺栓、绝缘垫，均按设备带有考虑。

④ 定额不包括蓄电池抽头连接用电缆及电缆保护管的安装，发生时应执行相应项目。

⑤ 碱性蓄电池补充电解液由厂家随设备供货。铅酸蓄电池的电解液已包括在定额内，不另行计算。

⑥ 蓄电池充放电电量已计入定额，不论酸性、碱性电池均按其电压和容量执行相应项目。

二、蓄电池安装全国统一定额工程量计算规则

① 铅酸蓄电池和碱性蓄电池安装，分别按容量大小以单体蓄电池"个"为计量单位，按施工图设计的数量计算工程量。定额内已包括了电解液的材料消耗，执行时不得调整。

② 免维护蓄电池安装以"组件"为计量单位。其具体计算如下例：某项工程设计一组蓄电池为 220V/500A·h，由 12V 的组件 18 个组成，那么就应该套用 12V/500A·h 的定额 18 组件。

③ 蓄电池充放电按不同容量以"组"为计量单位。

三、蓄电池安装工程量清单项目设置及工程量计算规则

蓄电池安装，工程量清单项目设置及工程量计算规则，应按表 4-8 的规定执行。

表 4-8 蓄电池安装（编码：030405）

项目编码	项目名称	项目特征	计量单位	工程量计算规则	工作内容
030405001	蓄电池	1. 名称 2. 型号 3. 容量（A·h） 4. 防震支架形式、材质 5. 充放电要求	个（组件）	按设计图示数量计算	1. 本体安装 2. 防震支架安装 3. 充放电
030405002	太阳能电池	1. 名称 2. 型号 3. 规格 4. 容量 5. 安装方式	组		1. 安装 2. 电池方阵铁架安装 3. 联调

相关知识

蓄电池简介

蓄电池是一种平时将电能转化成化学能储存起来，使用时再将储存起来的化学能转换为电能释放出去的设备。

蓄电池最大的优点是：当电气设备发生故障时，甚至没有交流电源的情况下，也能保证重要设备可靠而连续地工作。但也有缺点，即与交流电相比较，蓄电池装置投资费用高且运行维修比较复杂。

蓄电池结构有开口型和密闭型两种。按用途分有固定型蓄电池、启动用蓄电池和动力牵引用蓄电池等。

第6节　电机、滑触线

要点

本节主要介绍电机、滑触线的定额说明，电机、滑触线安装的全国统一定额工程量计算规则，电机、滑触线安装工程量清单项目设置及工程量计算规则。

解释

一、电机、滑触线定额说明

（1）全国统一安装工程预算定额第二册《电气设备安装工程》第六章电机中的专业术语"电机"系指发电机和电动机的统称。如小型电机检查接线定额，适用于同功率的小型发电机和小型电动机的检查接线，定额中的电机功率系指电机的额定功率。

（2）直流发电机组和多台一串的机组，可按单台电机分别执行相应定额。

（3）定额中的电机检查接线定额，除发电机和调相机外，均不包括电机的干燥工作，发生时应执行电机干燥定额。定额中的电机干燥定额系按一次干燥所需的人工、材料、机械消耗量考虑。

（4）单台质量在3t以下的电机为小型电机，单台质量超过3t但在30t以下的电机为中型电机，单台质量在30t以上的电机为大型电机。大中型电机不分交、直流电机，一律按电机质量执行相应定额。

（5）微型电机分为三类：驱动微型电机（分马力电机）系指微型异步电动机、微型同步电动机、微型交流换向器电动机、微型直流电动机等，控制微型电机系指自整角机、旋转变压器、交直流测速发电机、交直流伺服电动机、步进电动机、力矩电动机等，电源微型电机系指微型电动发电机组和单枢变流机等。其他小型电机（凡功率在0.75kW以下的电机）均执行微型电机定额，但一般民用小型交流电风扇安装另执行全国统一安装工程预算定额第二册《电气设备安装工程》第十二章的风扇安装定额。

（6）各类电机的检查接线定额均不包括控制装置的安装和接线。

（7）电机的接地线材质至今技术规范尚无新规定，定额仍是沿用镀锌扁钢（25×4）编制的。如采用铜接地线时，主材（导线和接头）应更换，但安装人工和机械不变。

（8）电机安装执行全国统一安装工程预算定额第一册《机械设备安装工程》的电机安装定额，其电机的检查接线和干燥执行定额。

（9）各种电机的检查接线，规范要求均需配有相应的金属软管，如设计有规定的，按设计规格和数量计算。譬如，设计要求用包塑金属软管、阻燃金属软管或采用铝合金软管接头等，均按设计计算。设计没有规定时，平均每台电机配金属软管1～1.5m（平均按 1.25m）。电机的电源线为导线时，应执行定额第四章的压（焊）接线端子定额。

二、电机、滑触线全国统一定额工程量计算规则

（1）发电机、调相机、电动机的电气检查接线，均以"台"为计量单位。直流发电机组和多台一串的机组，按单台电机分别执行定额。

（2）起重机上的电气设备、照明装置和电缆管线等安装，均执行定额的相应定额。

（3）滑触线安装以"m/单相"为计量单位，其附加和预留长度按表 4-9 的规定计算。

表 4-9 滑触线安装附加和预留长度 单位：m/根

序号	项　目	预留长度	说　明
1	圆钢、铜母线与设备连接	0.2	从设备接线端子接口起算
2	圆钢、铜滑触线终端	0.5	从最后一个固定点起算
3	角钢滑触线终端	1.0	从最后一个支持点起算
4	扁钢滑触线终端	1.3	从最后一个固定点起算
5	扁钢母线分支	0.5	分支线预留
6	扁钢母线与设备连接	0.5	从设备接线端子接口起算
7	轻轨滑触线终端	0.8	从最后一个支持点起算
8	安全节能及其他滑触线终端	0.5	从最后一个固定点起算

（4）电气安装规范要求每台电机接线均需要配金属软管，设计有规定的，按设计规格和数量计算；设计没有规定的，平均每台电机配相应规格的金属软管 1.25m 和与之配套的金属软管专用活接头。

（5）电机检查接线定额，除发电机和调相机外，均不包括电机干燥，发生时其工程量应按电机干燥定额另行计算。电机干燥定额系按一次干燥所需的工、料、机消耗量考虑，在特别潮湿的地方，电机需要进行多次干燥，应按实际干燥次数计算。在气候干燥、电机绝缘性能良好、符合技术标准而不需要干燥时，则不计算干燥费用。实行包干的工程，可参照以下比例，由有关各方协商而定。

① 低压小型电机 3kW 以下，按 25％的比例考虑干燥。

② 低压小型电机 3kW 以上至 220kW，按 30％～50％考虑干燥。

③ 大中型电机按 100％考虑一次干燥。

（6）电机解体检查定额，应根据需要选用。如不需要解体时，可只执行电机检查接线定额。

（7）电机定额的界线划分：单台电机质量在 3t 以下的，为小型电机；单台电机质量在 3t 以上 30t 以下的，为中型电机；单台电机质量在 30t 以上的为大型电机。

（8）小型电机按电机类别和功率大小执行相应定额，大、中型电机不分类别一律按电机质量执行相应定额。

（9）与机械同底座的电机和装在机械设备上的电机安装，执行全国统一安装工程预算定额第二册《机械设备安装工程》的电机安装定额；独立安装的电机，执行电机安装定额。

三、电机、滑触线工程量清单项目设置及工程量计算规则

电机检查接线及调试的工程量清单项目设置及工程量计算规则，应按表 4-10 的规定执行。

表 4-10　电机检查接线及调试（编码：030406）

项目编码	项目名称	项目特征	计量单位	工程量计算规则	工作内容
030406001	发电机	1 名称 2. 型号 3. 容量(kW) 4. 接线端子材质、规格 5. 干燥要求	台	按设计图示数量计算	1. 检查接线 2. 接地 3. 干燥 4. 调试
030406002	调相机				
030406003	普通小型直流电动机				
030406004	可控硅调速直流电动机	1. 名称 2. 型号 3. 容量(kW) 4. 类型 5. 接线端子材质、规格 6. 干燥要求			
030406005	普通交流同步电动机	1. 名称 2. 型号 3. 容量(kW) 4. 启动方式 5. 电压等级(kV) 6. 接线端子材质、规格 7. 干燥要求			
030406006	低压交流异步电动机	1. 名称 2. 型号 3. 容量(kW) 4. 控制保护方式 5. 接线端子材质、规格 6. 干燥要求			
030406007	高压交流异步电动机	1. 名称 2. 型号 3. 容量(kW) 4. 保护类别 5. 接线端子材质、规格 6. 干燥要求			
030406008	交流变频调速电动机	1. 名称 2. 型号 3. 容量(kW) 4. 类别 5. 接线端子材质、规格 6. 干燥要求			
030406009	微型电机、电加热器	1. 名称 2. 型号 3. 规格 4. 接线端子材质、规格 5. 干燥要求			

续表

项目编码	项目名称	项目特征	计量单位	工程量计算规则	工作内容
030406010	电动机组	1. 名称 2. 型号 3. 电动机台数 4. 联锁台数 5. 接线端子材质、规格 6. 干燥要求	组	按设计图示数量计算	1. 检查接线 2. 接地 3. 干燥 4. 调试
030406011	备用励磁机组	1. 名称 2. 型号 3. 接线端子材质、规格 4. 干燥要求			
030406012	励磁电阻器	1. 名称 2. 型号 3. 规格 4. 接线端子材质、规格 5. 干燥要求	台		1. 本体安装 2. 检查接线 3. 干燥

注：1. 可控硅调速直流电动机类型指一般可控硅调速直流电动机、全数字式控制可控硅调速直流电动机。

2. 交流变频调速电动机类型指交流同步变频电动机、交流异步变频电动机。

3. 电动机按其质量划分为大、中、小型：3t 以下为小型，3～30t 为中型，30t 以上为大型。

滑触线装置安装的工程量清单项目设置及工程量计算规则，应按表 4-11 的规定执行。

表 4-11　滑触线装置安装（编码：030407）

项目编码	项目名称	项目特征	计量单位	工程量计算规则	工作内容
030407001	滑触线	1. 名称 2. 型号 3. 规格 4. 材质 5. 支架形式、材质 6. 移动软电缆材质、规格、安装部位 7. 拉紧装置类型 8. 伸缩接头材质、规格	m	按设计图示尺寸以单相长度计算（含预留长度）	1. 滑触线安装 2. 滑触线支架制作、安装 3. 拉紧装置及挂式支持器制作、安装 4. 移动软电缆安装 5. 伸缩接头制作、安装

注：支架基础铁件及螺栓是否浇注需说明。

 **相关知识**

电动机的分类

电动机（又叫马达），是用来驱动其他设备的传动机械。电动机的种类很多，按其电源可分为直流电动机和交流电动机两大类。直流电动机主要用在需要调速和转矩大的机械上。

交流电动机用途极广，按电源相数的不同，有单相电动机（容量 1kW 以下）、三相电动机和多相电动机。按转速及电流频率的关系又可分为同步电动机和异步电动机（感应电动机）两种。同步电动机主要用于拖动功率较大或转速必须恒定的大型机械，如鼓风机、水泵、压缩机、球磨机以及轧钢机等，其功率多在 250kW 以上。近年来，利用可控硅变频装置使同步电动机能够通过变频做调速运行。异步电动机按其构造又分为鼠笼型、滑环型（绕线型）两种。按防护类型分为开启式、防护式、封闭式、防水式、防爆式等。

第7节　电　缆

～～　要　点　～～

本节主要介绍电缆的定额说明、电缆安装的全国统一定额工程量计算规则及电缆安装工程量清单项目设置及工程量计算规则。

～～　解　释　～～

一、电缆定额说明

（1）全国统一安装工程预算定额第二册《电气设备安装工程》第八章电缆适用于10kV以下的电力电缆和控制电缆敷设。定额系按平原地区和厂内电缆工程的施工条件编制的，未考虑在积水区、水底、井下等特殊条件下的电缆敷设。

（2）电缆在一般山地、丘陵地区敷设时，其定额人工乘以系数1.3。该地段所需的施工材料如固定桩、夹具等按实另计。

（3）电缆敷设定额未考虑因波形敷设增加长度、弛度增加长度、电缆绕梁（柱）增加长度以及电缆与设备连接、电缆接头等必要的预留长度，该增加长度应计入工程量之内。

（4）这里的电力电缆头定额均按铝芯电缆考虑，铜芯电力电缆头按同截面电缆头定额乘以系数1.2，双屏蔽电缆头制作、安装，人工乘以系数1.05。

（5）电力电缆敷设定额均按三芯（包括三芯连地）考虑，5芯电力电缆敷设定额乘以系数1.3，芯电力电缆乘以系数1.6，每增加一芯定额增加30%，以此类推。单芯电力电缆敷设按同截面电缆定额乘以0.67。截面400mm² 以上至800mm² 的单芯电力电缆敷设，按400mm² 电力电缆定额执行。240mm² 以上电缆头的接线端子为异型端子，需要单独加工，应按实际加工价计算（或调整定额价格）。

（6）电缆沟挖填方定额亦适用于电气管道沟等的挖填方工作。

（7）桥架安装：

① 桥架安装包括运输、组合、螺栓或焊接固定、弯头制作、附件安装、切割口防腐、桥式或托板式开孔、上管件隔板安装、盖板及钢制梯式桥架盖板安装。

② 桥架支撑架定额适用于立柱、托臂及其他各种支撑架的安装。定额已综合考虑了采用螺栓、焊接和膨胀螺栓三种固定方式。实际施工中，不论采用何种固定方式，定额均不做调整。

③ 玻璃钢梯式桥架和铝合金梯式桥架定额均按不带盖考虑。如这两种桥架带盖，

则分别执行玻璃钢槽式桥架定额和铝合金槽式桥架定额。

④ 钢制桥架主结构设计厚度大于 3mm 时，定额人工、机械乘以系数 1.2。

⑤ 不锈钢桥架按钢制桥架定额乘以系数 1.1。

（8）定额中电缆敷设系综合定额，已将裸包电缆、铠装电缆、屏蔽电缆等因素考虑在内。因此，凡 10kV 以下的电力电缆和控制电缆均不分结构形式和型号，一律按相应的电缆截面和芯数执行定额。

（9）电缆敷设定额及其相配套的定额中均未包括主材（又称装置性材料），另按设计和工程量计算规则加上定额规定的损耗率计算主材费用。

（10）直径 $\phi 100$ 以下的电缆保护管敷设执行配管配线有关定额。

（11）定额未包括的工作内容：

① 隔热层、保护层的制作、安装。

② 电缆冬季施工的加温工作和在其他特殊施工条件下的施工措施费和施工降效增加费。

二、电缆安装全国统一定额工程量计算规则

（1）直埋电缆的挖、填土（石）方，除特殊要求外，可按表 4-12 计算土方量。

表 4-12 直埋电缆的挖、填土（石）方量

项　　目	电缆根数	
	1～2	每增一根
每米沟长挖方量/m³	0.45	0.153

注：1. 两根以内的电缆沟，系按上口宽度 600mm、下口宽度 400mm、深度 900mm 计算的常规土方量（深度按规范的最低标准）。

2. 每增加一根电缆，其宽度增加 170mm。

3. 以上土方量系按埋深从自然地坪起算，如设计埋深超过 900mm 时，多挖的土方量应另行计算。

（2）电缆沟盖板揭、盖定额，按每揭或每盖一次以延长米计算，如又揭又盖，则按两次计算。

（3）电缆保护管长度，除按设计规定长度计算外，遇有下列情况，应按以下规定增加保护管长度。

① 横穿道路，按路基宽度两端各增加 2m。

② 垂直敷设时，管口距地面增加 2m。

③ 穿过建筑物外墙时，按基础外缘以外增加 1m。

④ 穿过排水沟时，按沟壁外缘以外增加 1m。

（4）电缆保护管埋地敷设，其土方量凡有施工图注明的，按施工图计算；无施工图的，一般按沟深 0.9m、沟宽按最外边的保护管两侧边缘外各增加 0.3m 工作面计算。

（5）电缆敷设按单根以延长米计算，一个沟内（或架上）敷设 3 根各长 100m 的电缆，应按 300m 计算，以此类推。

（6）电缆敷设长度应根据敷设路径的水平和垂直敷设长度，按表 4-13 规定增加附加长度。

表 4-13 电缆敷设的附加长度

序号	项 目	预留长度(附加)	说 明
1	电缆敷设弛度、波形弯度、交叉	2.5%	按电缆全长计算
2	电缆进入建筑物	2.0m	规范规定最小值
3	电缆进入沟内或吊架时引上(下)预留	1.5m	规范规定最小值
4	变电所进线、出线	1.5m	规范规定最小值
5	电力电缆终端头	1.5m	检修余量最小值
6	电缆中间接头盒	两端各留 2.0m	检修余量最小值
7	电缆进控制、保护屏及模拟盘等	高+宽	按盘面尺寸
8	高压开关柜及低压配电盘、箱	2.0m	盘下进出线
9	电缆至电动机	0.5m	从电机接线盒起算
10	厂用变压器	3.0m	从地坪起算
11	电缆绕过梁柱等增加长度	按实计算	按被绕物的断面情况计算增加长度
12	电梯电缆与电缆架固定点	每处 0.5m	规范最小值

注:电缆附加及预留的长度是电缆敷设长度的组成部分,应计入电缆长度工程量之内。

(7)电缆终端头及中间头均以"个"为计量单位。电力电缆和控制电缆均按一根电缆有两个终端头考虑。中间电缆头设计有图示的,按设计确定;设计没有规定的,按实际情况计算(或按平均 250m 一个中间头考虑)。

(8)桥架安装,以"10m"为计量单位。

(9)吊电缆的钢索及拉紧装置,应按本章相应定额另行计算。

(10)钢索的计算长度以两端固定点的距离为准,不扣除拉紧装置的长度。

(11)电缆敷设及桥架安装,应按说明的综合内容范围计算。

三、电缆安装工程量清单项目设置及工程量计算规则

电缆安装工程量清单项目设置及工程量计算规则,应按表 4-14 的规定执行。

表 4-14 电缆安装 (编码:030408)

项目编码	项目名称	项目特征	计量单位	工程量计算规则	工作内容
030408001	电力电缆	1. 名称 2. 型号 3. 规格 4. 材质 5. 敷设方式、部位 6. 电压等级(kV) 7. 地形	m	按设计图示尺寸以长度计算(含预留长度及附加长度)	1. 电缆敷设 2. 揭(盖)盖板
030408002	控制电缆				
030408003	电缆保护管	1. 名称 2. 材质 3. 规格 4. 敷设方式		按设计图示尺寸以长度计算	保护管敷设
030408004	电缆槽盒	1. 名称 2. 材质 3. 规格 4. 型号			槽盒安装
030408005	铺砂、盖保护板(砖)	1. 种类 2. 规格			1. 铺砂 2. 盖板(砖)

续表

项目编码	项目名称	项目特征	计量单位	工程量计算规则	工作内容
030408006	电力电缆头	1. 名称 2. 型号 3. 规格 4. 材质、类型 5. 安装部位 6. 电压等级(kV)	个	按设计图示数量计算	1. 电力电缆头制作 2. 电力电缆头安装 3. 接地
030408007	控制电缆头	1. 名称 2. 型号 3. 规格 4. 材质、类型 5. 安装方式			
030408008	防火堵洞		处	按设计图示数量计算	
030408009	防火隔板	1. 名称 2. 材质 3. 方式 4. 部位	m²	按设计图示尺寸以面积计算	安装
030408010	防火涂料		kg	按设计图示尺寸以质量计算	
030408011	电缆分支箱	1. 名称 2. 型号 3. 规格 4. 基础形式、材质、规格	台	按设计图示数量计算	1. 本体安装 2. 基础制作、安装

　　注：1. 电缆穿刺线夹按电缆头编码列项。

　　2. 电缆井、电缆排管、顶管，应按现行国家标准《市政工程工程量计算规范》（GB 50857—2013）相关项目编码列项。

❧ 相关知识 ❧

电缆敷设

　　电缆敷设方式比较多，有直接埋地敷设、电缆沟敷设、电缆管道内敷设、室内电缆支架、桥架上敷设等。

　　(1) 电缆埋地敷设　电缆埋地敷设沿已选定的路线挖沟，然后把电缆埋入沟中，见图 4-1。这种方法一般是在电缆数较少，且敷设距离较长时采用。埋地敷设的电缆，宜采用有外护层的铠装电缆，电缆埋设深度不应小于 0.7m，穿越农田时不应小于 1m，并应在电缆上下各均匀铺设 100mm 厚的细砂或软土，然后覆盖混凝土保护板或类似的保护层，覆盖的保护层应超过电缆两侧各 50mm。在寒冷地区，电缆应埋设于冻土层以下。

　　(2) 电缆在电缆沟或隧道内敷设　当电缆与地下管网交叉不多，地下水位较低，且无高温介质和熔化金属液体流入可能的地区，同一路径的电缆根数较多时，宜采用电缆沟或电缆隧道敷设。图 4-2 所示为电缆沟内敷设，首先砌筑电缆沟，预埋电缆支架，再将电缆敷设在支架上，然后盖上钢筋混凝土盖板。

　　(3) 电缆穿管敷设　它是先将保护管敷设（明设或暗设）好，再将电缆穿入管内。管子内径应大于电缆外径的 1.5 倍。

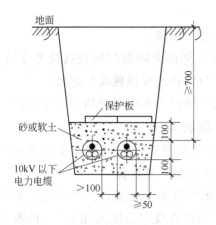

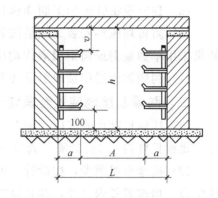

图 4-1　电缆直埋示意图　　　　　　　　　　　图 4-2　电缆在电缆沟内敷设

（4）电缆沿支架敷设　它是先将支架螺栓预埋在墙上，并把在施工现场制作好的支架固定在预埋螺栓上，然后将电缆固定在电缆支架上。

（5）电缆桥架敷设　桥架敷设电缆，已被广泛采用，适用于电缆数量较多或较集中的场所。所谓电缆桥架是指由托盘、梯架的直线段、弯通、附件及支、吊架等构成，用以支承电缆的具有连续的刚性结构系统的总称，其结构类型有：无孔托盘、有孔托盘、梯架、组装式托盘等。

第8节　防雷及接地装置

要　点

本节主要介绍防雷及接地装置的定额说明，防雷及接地装置全国统一定额工程量计算规则，防雷及接地装置工程量清单项目设置与工程量计算规则。

解　释

一、防雷及接地装置定额说明

（1）全国统一安装工程预算定额第二册《电气设备安装工程》第九章防雷与接地装置适用于建筑物、构筑物的防雷接地，变配电系统接地、设备接地以及避雷针的接地装置。

（2）户外接地母线敷设定额系按自然地坪和一般土质综合考虑的，包括地沟的挖填土和夯实工作，执行本定额时不应再计算土方量。如遇有石方、矿渣、积水、障碍物等情况时可另行计算。

（3）定额不适于采用爆破法施工敷设接地线、安装接地极，也不包括高土壤电阻率地区采用换土或化学处理的接地装置及接地电阻的测定工作。

（4）定额中避雷针的安装、半导体少长针消雷装置安装，均已考虑了高空作业的因素。

(5) 独立避雷针的加工制作执行"一般铁构件"制作定额。

(6) 防雷均压环安装定额是按利用建筑物圈梁内主筋作为防雷接地连接线考虑的。如果采用单独扁钢或圆钢明敷作均压坏时,可执行"户内接地母线敷设"定额。

(7) 利用铜绞线作接地引下线时,配管、穿铜绞线执行定额中同规格的相应项目。

二、防雷及接地装置全国统一定额工程量计算规则

(1) 接地极制作安装以"根"为计量单位,其长度按设计长度计算。设计无规定时,每根长度按 2.5m 计算。若设计有管帽时,管帽另按加工件计算。

(2) 接地母线敷设,按设计长度以"m"为计量单位计算工程量。接地母线、避雷线敷设,均按延长米计算,其长度按施工图设计水平和垂直规定长度另加 3.9% 的附加长度(包括转弯、上下波动、避绕障碍物、搭接头所占长度)计算。计算主材费时应另增加规定的损耗率。

(3) 接地跨接线以"处"为计量单位。按规程规定,凡需接地跨接线的工程内容,每跨接一次按一处计算。户外配电装置构架均需接地,每副构架按"一处"计算。

(4) 避雷针的加工制作、安装,以"根"为计量单位,独立避雷针安装以"基"为计量单位。长度、高度、数量均按设计规定。独立避雷针的加工制作应执行"一般铁件"制作定额或按成品计算。

(5) 半导体少长针消雷装置安装以"套"为计量单位,按设计安装高度分别执行相应定额。装置本身由设备制造厂成套供货。

(6) 利用建筑物内主筋作接地引下线安装,以"10m"为计量单位,每一柱子内按焊接两根主筋考虑。如果焊接主筋数超过两根时,可按比例调整。

(7) 断接卡子制作安装以"套"为计量单位,按设计规定装设的断接卡子数量计算。接地检查井内的断接卡子安装按每井一套计算。

(8) 高层建筑物屋顶的防雷接地装置应执行"避雷网安装"定额,电缆支架的接地线安装应执行"户内接地母线敷设"定额。

(9) 均压环敷设以"m"为单位计算,主要考虑利用圈梁内主筋作均压环接地连线,焊接按两根主筋考虑。超过两根时,可按比例调整。长度按设计需要作均压接地的圈梁中心线长度,以延长米计算。

(10) 钢、铝窗接地以"处"为计量单位(高层建筑六层以上的金属窗设计一般要求接地),按设计规定接地的金属窗数进行计算。

(11) 柱子主筋与圈梁连接以"处"为计量单位,每处按两根主筋与两根圈梁钢筋分别焊接连接考虑。如果焊接主筋和圈梁钢筋超过两根时,可按比例调整;需要连接的柱子主筋和圈梁钢筋"处"数按规定设计计算。

三、防雷及接地装置工程量清单项目设置及工程量计算规则

防雷及接地装置工程量清单项目设置及工程量计算规则,应按表 4-15 的规定执行。

表 4-15 防雷及接地装置（编码：030409）

项目编码	项目名称	项目特征	计量单位	工程量计算规则	工作内容
030409001	接地板	1. 名称 2. 材质 3. 规格 4. 土质 5. 基础接地形式	根（块）	按设计图示数量计算	1. 接地极（板、桩）制作、安装 2. 基础接地网安装 3. 补刷（喷）油漆
030409002	接地母线	1. 名称 2. 材质 3. 规格 4. 安装部位 5. 安装形式	m	按设计图示尺寸以长度计算（含附加长度）	1. 接地母线制作、安装 2. 补刷（喷）油漆
030409003	避雷引下线	1. 名称 2. 材质 3. 规格 4. 安装部位 5. 安装形式 6. 断接卡子、箱材质、规格			1. 避雷引下线制作、安装 2. 断接卡子、箱制作、安装 3. 利用主钢筋焊接 4. 补刷（喷）油漆
030409004	均压环	1. 名称 2. 材质 3. 规格 4. 安装形式			1. 均压环敷设 2. 钢铝窗接地 3. 柱主筋与圈梁焊接 4. 利用圈梁钢筋焊接 5. 补刷（喷）油漆
030409005	避雷网	1. 名称 2. 材质 3. 规格 4. 安装形式 5. 混凝土块标号			1. 避雷网制作、安装 2. 跨接 3. 混凝土块制作 4. 补刷（喷）油漆
030409006	避雷针	1. 名称 2. 材质 3. 规格 4. 安装形式、高度	根	按设计图示数量计算	1. 避雷针制作、安装 2. 跨接 3. 补刷（喷）油漆
030409007	半导体少长针消雷装置	1. 型号 2. 高度	套		本体安装
030409008	等电位端子箱、测试板	1. 名称 2. 材质 3. 规格	台（块）		
030409009	绝缘垫		m²	按设计图示尺寸以展开面积计算	1. 制作 2. 安装
030409010	浪涌保护器	1. 名称 2. 规格 3. 安装形式 4. 防雷等级	个	按设计图示数量计算	1. 本体安装 2. 接线 3. 接地
030409011	降阻剂	1. 名称 2. 类型	kg	按设计图示以质量计算	1. 挖土 2. 施放降阻剂 3. 回填土 4. 运输

注：1. 利用桩基础作接地极，应描述桩台下桩的根数，每桩台下需焊接柱筋根数，其工程量按柱引下线计算；利用基础钢筋作接地极按均压环项目编码列项。

2. 利用柱筋作引下线的，需描述柱筋焊接根数。

3. 利用圈梁筋作均压环的，需描述圈梁筋焊接根数。

❧ 相关知识 ❧

防雷电波侵入的措施

防雷电波侵入是指雷电对架空线路或金属管道的作用，雷电波可能沿着这些管线侵入室内，危及人身安全或损坏设备。防止措施主要有以下几种。

① 进入建筑物的各种线路及金属管道采用全线埋地引入，并在入户端将电缆的金属外皮、钢管及金属管道与接地装置连接。

② 架空线转换为铠装电缆或穿钢管的全塑电缆直接埋地引入，埋地长度不应小于15m，在入户端，电缆的金属外皮或钢管与接地装置连接。电缆与架空线的转换处装设避雷器，并与电缆的金属外皮或钢管及绝缘子铁脚连在一起接地。

③ 在架空线进出处装设避雷器并与绝缘子铁脚连在一起接到电气设备的接地装置上。进出建筑物的架空金属管道，在进出处应就近接到防雷和电气设备的接地装置上。

第 9 节   10kV 以下架空配电线路

❧ 要 点 ❧

本节主要介绍 10kV 以下架空配电线路的定额说明、10kV 以下架空配电线路安装的全国统一定额工程量计算规则及 10kV 以下架空配电线路安装工程量清单项目设置、工程量计算规则。

❧ 解 释 ❧

一、10kV 以下架空配电线路定额说明

（1）全国统一安装工程预算定额第二册《电气设备安装工程》第十章 10kV 以下架空配电线路按平地施工条件考虑，如在其他地形条件下施工时，其人工和机械按表 4-16 地形系数予以调整。

表 4-16 地形系数

地形类别	丘陵（市区）	一般山地、泥沼地带
调整系数	1.20	1.60

（2）地形划分的特征：

① 平地：地形比较平坦、地面比较干燥的地带。

② 丘陵：地形有起伏的矮岗、土丘等地带。

③ 一般山地：一般山岭或沟谷地带、高原台地等。

④ 泥沼地带：经常积水的田地或泥水淤积的地带。

（3）预算编制中，全线地形分几种类型时，可按各种类型长度所占百分比求出综合系数进行计算。

（4）土质分类：

① 普通土：种植土、黏砂土、黄土和盐碱土等，主要利用锹、铲即可挖掘的土质。

② 坚土：土质坚硬难挖的红土、板状黏土、重块土、高岭土，必须用铁镐、条锄挖松，再用锹、铲挖掘的土质。

③ 松砂石：碎石、卵石和土的混合体，各种不坚实砾岩、页岩、风化岩，节理和裂缝较多的岩石等（不需用爆破方法开采的）需要镐、撬棍、大锤、楔子等工具配合才能挖掘者。

④ 岩石：一般为坚实的粗花岗岩、白云岩、片麻岩、玢岩、石英岩、大理岩、石灰岩、石灰质胶结的密实砂岩的石质，不能用一般挖掘工具进行开挖，必须采用打眼、爆破或打凿才能开挖者。

⑤ 泥水：坑的周围经常积水，坑的土质松散，如淤泥和沼泽地等挖掘时因水渗入和浸润而成泥浆，容易坍塌，需用挡土板和适量排水才能施工者。

⑥ 流砂：坑的土质为砂质或分层砂质，挖掘过程中砂层有上涌现象，容易坍塌，挖掘时需排水和采用挡土板才能施工者。

（5）主要材料运输质量的计算按表 4-17 规定执行。

表 4-17　主要材料运输质量的计算

材料名称		单　位	运输质量/kg	备　注
混凝土制品	人工浇制	—	2600	包括钢筋
	离心浇制	—	2860	包括钢筋
线材	导线	kg	$m \times 1.15$	有线盘
	钢绞线	kg	$m \times 1.07$	无线盘
木杆材料		—	450	包括木横担
金具、绝缘子		kg	$m \times 1.07$	—
螺栓		kg	$m \times 1.01$	—

注：1. m 为理论质量。

2. 未列入者均按净重计算。

（6）线路一次施工工程量按 5 根以上电杆考虑；如 5 根以内者，其全部人工、机械乘以系数 1.3。

（7）如果出现钢管杆的组立，按同高度混凝土杆组立的人工、机械乘以系数 1.4，材料不调整。

（8）导线跨越架设：

① 每个跨越间距：均按 50m 以内考虑，大于 50m 而小于 100m 时，按两处计算，以此类推。

② 在同跨越档内，有多种（或多次）跨越物时，应根据跨越物种类分别执行定额。

③ 跨越定额仅考虑因跨越而多耗的人工、机械台班和材料，在计算架线工程量时，

不扣除跨越档的长度。

（9）杆上变压器安装不包括变压器调试、抽芯、干燥工作。

二、10kV以下架空配电线路全国统一定额工程量计算规则

（1）工地运输，是指定额内未计价材料从集中材料堆放点或工地仓库运至杆位上的工程运输，分人力运输和汽车运输，以"吨·千米"（t·km）为计量单位。

运输量计算公式如下：

$$工程运输量＝施工图用量×（1＋损耗率） \tag{4-1}$$

预算运输质量＝工程运输量＋包装物质量（不需要包装的可不计算包装物质量）

运输质量可按表4-18的规定进行计算。

表4-18　运输质量表

材料名称		单位	运输质量/kg	备注
混凝土制品	人工浇制	m³	2600	包括钢筋
	离心浇制	m³	2860	包括钢筋
线材	导线	kg	$m×1.15$	有线盘
	钢绞线	kg	$m×1.07$	无线盘
木杆材料	—		500	包括木横担
金具、绝缘子		kg	$m×1.07$	—
螺栓		kg	$m×1.01$	—

注：1. m 为理论质量。

2. 未列入者均按净重计算。

（2）无底盘、卡盘的电杆坑，其挖方体积为：

$$V＝0.8×0.8×h \tag{4-2}$$

式中，h 为坑深，m。

（3）电杆坑的马道土、石方量按每坑 0.2m³ 计算。

（4）施工操作裕度按底拉盘底宽每边增加 0.1m。

（5）各类土质的放坡系数按表4-19计算。

表4-19　各类土质的放坡系数

土质	普通土、水坑	坚土	松砂石	泥水、流砂、岩石
放坡系数	1:0.3	1:0.25	1:0.2	不放坡

（6）冻土厚度大于300mm时，冻土层的挖土量按挖坚土定额乘以系数2.5。其他土层仍按土质性质执行定额。

（7）土方量计算公式　$V＝\dfrac{h}{6×[ab＋(a＋a_1)(b＋b_1)＋a_1b_1]}$ 　(4-3)

式中，V 为土（石）方体积，m³；h 为坑深，m；$a(b)$ 为坑底宽，m，$a(b)＝$底拉盘底宽＋2×每边操作裕度；$a_1(b_1)$ 为坑口宽，m，$a_1(b_1)＝a(b)＋2h×$边坡系数。

（8）杆坑土质按一个坑的主要土质而定。如一个坑大部分为普通土，少量为坚土，则该坑应全部按普通土计算。

（9）带卡盘的电杆坑，如原计算的尺寸不能满足卡盘安装时，因卡盘超长而增加的土（石）方量另计。

（10）底盘、卡盘、拉线盘按设计用量以"块"为计量单位。

（11）杆塔组立，分别以杆塔形式和高度，按设计数量以"根"为计量单位。

（12）拉线制作安装按施工图设计规定，分别不同形式，以"组"为计量单位。

（13）横担安装按施工图设计规定，分不同形式和截面，以"根"为计量单位，定额按单根拉线考虑。若安装 V 形、Y 形或双拼形拉线时，按 2 根计算。拉线长度按设计全根长度计算，设计无规定时可按表 4-20 计算。

表 4-20　拉线长度　　　　　　　　　　　　　单位：m/根

项　目		普通拉线	V(Y)形拉线	弓形拉线
杆高/m	8	11.47	22.94	9.33
	9	12.61	25.22	10.10
	10	13.74	27.48	10.92
	11	15.10	30.20	11.82
	12	16.14	32.28	12.62
	13	18.69	37.38	13.42
	14	19.68	39.36	15.12
水平拉线		26.47	—	—

（14）导线架设，按导线类型和不同截面以"km/单线"为计量单位计算。导线预留长度按表 4-21 计算。

表 4-21　导线预留长度　　　　　　　　　　　单位：m/根

项目名称		长度
高压	转角	2.5
	分支、终端	2.0
低压	分支、终端	0.5
	交叉跳线转角	1.5
与设备连线		0.5
进户线		2.5

导线长度按线路总长度和预留长度之和计算。计算主材费时应另增加规定的损耗率。

（15）导线跨越架设，包括越线架的搭拆和运输，以及因跨越（障碍）施工难度增加而增加的工作量，以"处"为计量单位。每个跨越间距按50m以内考虑，大于50m而小于100m时按2处计算，以此类推。在计算架线工程量时，不扣除跨越档的长度。

（16）杆上变配电设备安装以"台"或"组"为计量单位，定额内包括杆和钢支架及设备的安装工作。但钢支架主材、连引线、线夹、金具等应按设计规定另行计算，设备的接地安装和调试应按本册相应定额另行计算。

三、10kV 以下架空配电线路工程量清单项目设置及工程量计算规则

10kV 以下架空配电线路的工程量清单项目设置及工程量计算规则，应按表 4-22 的规定执行。

表 4-22 10kV 以下架空配电线路（编码：030410）

项目编码	项目名称	项目特征	计量单位	工程量计算规则	工作内容
030410001	电杆组立	1. 名称 2. 材质 3. 规格 4. 类型 5. 地形 6. 土质 7. 底盘、拉盘、卡盘规格 8. 拉线材质、规格、类型 9. 现浇基础类型、钢筋类型、规格，基础垫层要求 10. 电杆防腐要求	根（基）	按设计图示数量计算	1. 施工定位 2. 电杆组立 3. 土（石）方挖填 4. 底盘、拉盘、卡盘安装 5. 电杆防腐 6. 拉线制作、安装 7. 现浇基础、基础垫层 8. 工地运输
030410002	横担组装	1. 名称 2. 材质 3. 规格 4. 类型 5. 电压等级（kV） 6. 瓷瓶型号、规格 7. 金具品种规格	组		1. 横担安装 2. 瓷瓶、金具组装
030410003	导线架设	1. 名称 2. 型号 3. 规格 4. 地形 5. 跨越类型	km	按设计图示尺寸以单线长度计算（含预留长度）	1. 导线架设 2. 导线跨越及进户线架设 3. 工地运输
030410004	杆上设备	1. 名称 2. 型号 3. 规格 4. 电压等级（kV） 5. 支撑架种类、规格 6. 接线端子材质、规格 7. 接地要求	台（组）	按设计图示数量计算	1. 支撑架安装 2. 本体安装 3. 焊压接线端子、接线 4. 补刷（喷）油漆 5. 接地

～ 相关知识 ～

架空线路简介

10kV 及以下架空配电线路的基本构成见图 4-3。它主要由电杆、横杆、金具、绝缘子、导线、拉线等组成。

（1）导线 导线的作用是传送电流。导线有绝缘导线和裸导线。架空线路的导线一般采用铝绞线。当高压线路档距或交叉档距较长、杆位高差较大时，宜采用钢芯铝绞线。在沿海地区，由于盐雾或有化学腐蚀气体的存在，宜采用防腐铝绞线、铜绞线或采取其他措施。在街道狭窄和建筑稠密地区应采用绝缘导线。

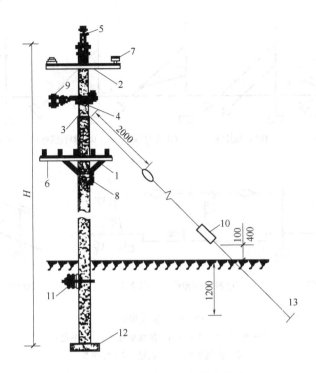

图 4-3　架空配电线路的基本构成

1—低压五线横担；2—高压二线横担；3—拉线抱箍；4—双横担；5—高压杆顶；
6—低压针式绝缘子；7—高压针式绝缘子；8—蝶式绝缘子；9—悬式绝缘子及
高压蝶式绝缘子；10—花篮螺丝；11—卡盘；12—底盘；13—拉线盘

架空线路的排列相序应符合下列规定。高压线路：面向负荷从左侧起，导线排列相序为 A、B、C。低压线路：面向负荷从左侧起，导线排列相序为 A、N、B、C。

（2）绝缘子　绝缘子习惯上称为瓷瓶，是用来固定导线，并使带电导线之间，导线与横担、杆塔之间保持绝缘，同时也能承受导线的重量和水平拉力。绝缘子有针式绝缘子、蝶式绝缘子、悬式绝缘子等。

（3）横担　横担是装在电杆上端，用来固定绝缘子架设导线，有时也用来固定开关设备或避雷器等。横担有木质、铁质和瓷质三种。高、低压线路宜采用镀锌角钢横担或瓷横担。

（4）电杆　电杆用来安装横担、绝缘子和架设导线。

电杆按其材质可分为木杆、水泥杆、金属杆（铁杆、铁塔）。应用最广的是圆形钢筋混凝土杆。按其作用可分为直线杆、耐张杆、转角杆、终端杆、分支杆、跨越杆等，除直线杆外，其他的杆型又称为承力杆。

配电线路的钢筋混凝土杆，宜采用定型产品，电杆的构造要求应符合国家标准。

（5）拉线　拉线用来平衡电杆各方向的拉力，防止电杆弯曲或倾倒。拉线形式见图 4-4。

（6）金具　在架空配电线路中，金具是用来固定横担、绝缘子、拉线及导线连接的各种金属附件，统称为线路金具。

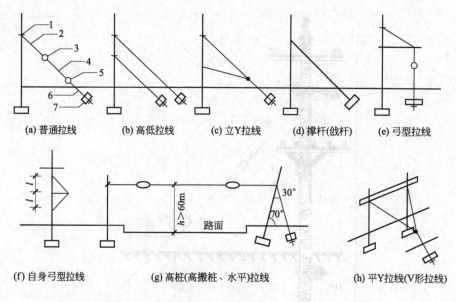

(a) 普通拉线　　(b) 高低拉线　　(c) 立Y拉线　　(d) 撑杆(戗杆)　　(e) 弓型拉线

(f) 自身弓型拉线　　　　(g) 高桩(高搬桩、水平)拉线　　　　(h) 平Y拉线(V形拉线)

图 4-4　拉线形式

1—抱箍；2—上把；3—拉紧绝缘子；4—中把；

5—花篮螺栓；6—底把；7—拉线盘

第 10 节　电气调整试验及附属工程

要　点

本节主要介绍电气调整试验的定额说明，电气调整试验的全国统一定额工程量计算规则，电气调整试验工程量清单项目设置及工程量计算规则。

解　释

一、电气调整试验定额说明

(1)《全国统一安装工程预算定额》第二册《电气设备安装工程》第十一章电气调整试验内容包括电气设备的本体试验和主要设备的分系统调试。成套设备的整套启动调试按专业定额另行计算。主要设备的分系统内所含的电气设备元件的本体试验已包括在该分系统调试定额之内。如变压器的系统调试中已包括该系统中的变压器、互感器、开关、仪表和继电器等一、二次设备的本体调试和回路试验。绝缘子和电缆等单体试验，只在单独试验时使用，不得重复计算。

(2) 定额的调试仪表使用费系按"台班"形式表示的，与《全国统一安装工程施工仪器仪表台班费用定额》配套使用。

(3) 送配电设备调试中的 1kV 以下定额适用于所有低压供电回路，如从低压配电装置至分配电箱的供电回路；但从配电箱直接至电动机的供电回路已包括在电动机的系统调试定额内。送配电设备系统调试包括系统内的电缆试验、瓷瓶耐压等全套调试工作。供电桥回路中的断路器、母线分段断路器皆作为独立的供电系统计算，定额皆按一个系统一侧配一台断路器考虑的。若两侧皆有断路器时，则按两个系统计算。如果分配电箱内只有刀开关、熔断器等不含调试元件的供电回路，则不再作为调试系统计算。

（4）由于电气控制技术的飞跃发展，原定额指国家计委 1986 年发布的《全国统一安装工程预算定额》，成套电气装置（如桥式起重机电气装置等）的控制系统已发生了根本的变化，至今尚无统一的标准，故定额取消了原定额中的成套电气设备的安装与调试。起重机电气装置、空调电气装置、各种机械设备的电气装置，如堆取料机、装料车、推煤车等成套设备的电气调试，应分别按相应的分项调试定额执行。

（5）定额不包括设备的烘干处理和设备本身缺陷造成的元件更换修理和修改，亦未考虑因设备元件质量低劣对调试工作造成的影响。定额系按新的合格设备考虑的，如遇以上述情况时，应另行计算。经修配改或拆迁的旧设备调试，定额乘以系数 1.1。

（6）定额只限电气设备自身系统的调整试验，未包括电气设备带动机械设备的试运工作，发生时应按专业定额另行计算。

（7）调试定额不包括试验设备、仪器仪表的场外转移费用。

（8）调试定额系按现行施工技术验收规范编制的，凡现行规范（指定额编制时规范）未包括的新调试项目和调试内容均应另行计算。

（9）调试定额已包括熟悉资料、核对设备、填写试验记录、保护整定值的整定和调试报告的整理工作。

（10）电力变压器如有"带负荷调压装置"，调试定额乘以系数 1.12。三卷变压器、整流变压器、电炉变压器调试按同容量的电力变压器调试定额乘以系数 1.2。3～10kV 母线系统调试含一组电压互感器，1kV 以下母线系统调试定额不含电压互感器，适用于低压配电装置的各种母线（包括软母线）的调试。

二、电气调整试验全国统一定额工程量计算规则

（1）电气调试系统的划分以电气原理系统图为依据。电气设备元件的本体试验均包括在相应定额的系统调试之内，不得重复计算。绝缘子和电缆等单体试验，只在单独试验时使用。在系统调试定额中，各工序的调试费用如需单独计算时，可按表 4-23 所列比率计算。

表 4-23 电气调试系统各工序的调试费用比率 ％

项 目	发电机、调相机系统	变压器系统	送配电设备系统	电动机系统
一次设备本体试验	30	30	40	30
附属高压二次设备试验	20	30	20	30
一次电流及二次回路检查	20	20	20	20
继电器及仪表试验	30	20	20	20

（2）电气调试所需的电力消耗已包括在定额内，一般不另计算。但 10kW 以上电机及发电机的启动调试用的蒸汽、电力和其他动力能源消耗及变压器空载试运转的电力消耗，另行计算。

（3）供电桥回路的断路器、母线分段断路器，均按独立的送配电设备系统计算调

试费。

(4) 送配电设备系统调试，系按一侧有一台断路器考虑的，若两侧均有断路器时，则应按两个系统计算。

(5) 送配电设备系统调试，适用于各种供电回路（包括照明供电回路）的系统调试。凡供电回路中带有仪表、继电器、电磁开关等调试元件的（不包括闸刀开关、保险器），均按调试系统计算。移动式电器和以插座连接的家电设备，经厂家调试合格、不需要用户自调的设备，均不应计算调试费用。

(6) 变压器系统调试，以每个电压侧有一台断路器为准。多于一个断路器的，按相应电压等级送配电设备系统调试的相应定额另行计算。

(7) 干式变压器、油浸电抗器调试，执行相应容量变压器调试定额，乘以系数 0.8。

(8) 特殊保护装置，均以构成一个保护回路为一套，其工程量计算规定如下（特殊保护装置未包括在各系统调试定额之内，应另行计算）。

① 发电机转子接地保护，按全厂发电机共用一套考虑。

② 距离保护，按设计规定所保护的送电线路断路器台数计算。

③ 高频保护，按设计规定所保护的送电线路断路器台数计算。

④ 零序保护，按发电机、变压器、电动机的台数或送电线路断路器的台数计算。

⑤ 故障录波器的调试，以一块屏为一套系统计算。

⑥ 失灵保护，按设置该保护的断路器台数计算。

⑦ 失磁保护，按所保护的电机台数计算。

⑧ 变流器的断线保护，按变流器台数计算。

⑨ 小电流接地保护，按装设该保护的供电回路断路器台数计算。

⑩ 保护检查及打印机调试，按构成该系统的完整回路为一套计算。

(9) 自动装置及信号系统调试，均包括继电器、仪表等元件本身和二次回路的调整试验。具体规定如下。

① 备用电源自动投入装置，按连锁机构的个数确定备用电源自投装置系统数。一个备用厂用变压器，作为三段厂用工作母线备用的厂用电源，计算备用电源自动投入装置调试时，应为三个系统。装设自动投入装置的两条互为备用的线路或两台变压器，计算备用电源自动投入装置调试时，应为两个系统。备用电动机自动投入装置亦按此计算。

② 线路自动重合闸调试系统，按采用自动重合闸装置的线路自动断路器的台数计算系统数。

③ 自动调频装置的调试，以一台发电机为一个系统。

④ 同期装置调试，按设计构成一套能完成同期并车行为的装置为一个系统计算。

⑤ 蓄电池及直流监视系统调试，一组蓄电池按一个系统计算。

⑥ 事故照明切换装置调试，按设计能完成交直流切换的一套装置为一个调试系统计算。

⑦ 周波减负荷装置调试，凡有一个周率继电器，不论带几个回路，均按一个调试

系统计算。

⑧ 变送器屏以屏的个数计算。

⑨ 中央信号装置调试，按每一个变电所或配电室为一个调试系统计算工程量。

（10）接地网的调试规定如下。

① 接地网接地电阻的测定。一般的发电厂或变电站连为一体的母网，按一个系统计算；自成母网不与厂区母网相连的独立接地网，另按一个系统计算。大型建筑群各有自己的接地网（接地电阻值设计有要求），虽然在最后也将各接地网连在一起，但应按各自的接地网计算，不能作为一个网，具体应按接地网的试验情况而定。

② 避雷针接地电阻的测定。每一避雷针均有单独接地网（包括独立的避雷针、烟囱避雷针等）时，均按一组计算。

③ 独立的接地装置按组计算。如一台柱上变压器有一个独立的接地装置，即按一组计算。

（11）避雷器、电容器的调试，按每三相为一组计算，单个装设的亦按一组计算。上述设备如设置在发电机，变压器，输、配电线路的系统或回路内，仍应按相应定额另外计算调试费用。

（12）高压电气除尘系统调试，按一台升压变压器、一台机械整流器及附属设备为一个系统计算，分别按除尘器范围（m^2）执行定额。

（13）硅整流装置调试，按一套硅整流装置为一个系统计算。

（14）普通电动机的调试，分别按电机的控制方式、功率、电压等级，以"台"为计量单位。

（15）可控硅调速直流电动机调试以"系统"为计量单位。其调试内容包括可控硅整流装置系统和直流电动机控制回路系统两个部分的调试。

（16）交流变频调速电动机调试以"系统"为计量单位。其调试内容包括变频装置系统和交流电动机控制回路系统两个部分的调试。

（17）微型电机系指功率在 0.75kW 以下的电机，不分类别，一律执行微电机综合调试定额，以"台"为计量单位。电机功率在 0.75kW 以上的电机调试，应按电机类别和功率分别执行相应的调试定额。

（18）一般的住宅、学校、办公楼、旅馆、商店等民用电气工程的供电调试应按下列规定执行。

① 配电室内带有调试元件的盘、箱、柜和带有调试元件的照明主配电箱，应按供电方式执行相应的"配电设备系统调试"定额。

② 每个用户房间的配电箱（板）上虽装有电磁开关等调试元件，但如果生产厂家已按固定的常规参数调整好，不需要安装单位进行调试就可直接投入使用的，不得计取调试费用。

③ 民用电度表的调整校验属于供电部门的专业管理，一般皆由用户向供电局订购调试完毕的电度表，不得另外计算调试费用。

（19）高标准的高层建筑、高级宾馆、大会堂、体育馆等具有较高控制技术的电气工程（包括照明工程），应按控制方式执行相应的电气调试定额。

三、电气调整试验工程量清单项目设置及工程量计算规则

电气调整试验工程量清单项目设置及工程量计算规则，应按表 4-24 的规定执行。

表 4-24　电气调整试验（编码：030414）

项目编码	项目名称	项目特征	计量单位	工程量计算规则	工作内容
030414001	电力变压器系统	1. 名称 2. 型号 3. 容量(kV·A)	系统	按设计图示系统计算	系统调试
030414002	送配电装置系统	1. 名称 2. 型号 3. 电压等级(kV) 4. 类型			
030414003	特殊保护装置	1. 名称 2. 类型	台(套)	按设计图示数量计算	调试
030414004	自动投入装置		系统 (台、套)		
030414005	中央信号装置	1. 名称 2. 类型	系统 (台)		
030414006	事故照明切换装置		系统	按设计图示系统计算	
030414007	不间断电源	1. 名称 2. 类型 3. 容量	系统	按设计图示系统计算	
030414008	母线	1. 名称 2. 电压等级(kV)	段	按设计图示数量计算	
030414009	避雷器		组		
030414010	电容器				
030414011	接地装置	1. 名称 2. 类型	1. 系统 2. 组	1. 以系统计量，按设计图示系统计算 1. 以组计量，按设计图示数量计算	接地电阻测试
030414012	电抗器、消弧线圈		台	按设计图示数量计算	调试
030414013	电除尘器	1. 名称 2. 型号 3. 规格	组		
030414014	硅整流设备、可控硅整流装置	1. 名称 2. 类型 3. 电压(V) 4. 电流(A)	系统	按设计图示系统计算	
030414015	电缆试验	1. 名称 2. 电压等级(kV)	次 (根、点)	按设计图示数量计算	试验

注：1. 功率大于 10kW 电动机及发电机的启动调试用的蒸汽、电力和其他动力能源消耗及变压器空载试运转的电力消耗及设备需烘干处理应说明。

2. 配合机械设备及其他工艺的单体试车，应按《通用安装工程工程量计算规范》（GB 50856—2013）附录 N 措施项目相关项目编码列项。

3. 计算机系统调试应按《通用安装工程工程量计算规范》（GB 50856—2013）附录 F 自动化控制仪表安装工程相关项目编码列项。

四、附属工程工程量清单项目设置及工程量计算规则

附属工程工程量清单项目设置及工程量计算规则，应按表 4-25 的规定执行。

表 4-25　附属工程（编码：030413）

项目编码	项目名称	项目特征	计量单位	工程量计算规则	工作内容
030413001	铁构件	1. 名称 2. 材质 3. 规格	kg	按设计图示尺寸以质量计算	1. 制作 2. 安装 3. 补刷（喷）油漆
030413002	凿（压）槽	1. 名称 2. 规格 3. 类型 4. 填充（恢复）方式 5. 混凝土标准	m	按设计图示尺寸以长度计算	1. 开槽 2. 恢复处理
030413003	打洞（孔）	1. 名称 2. 规格 3. 类型 4. 填充（恢复）方式 5. 混凝土标准	个	按设计图示数量计算	1. 开孔、洞 2. 恢复处理
030413004	管道包封	1. 名称 2. 规格 3. 混凝土强度等级	m	按设计图示长度计算	1. 灌注 2. 养护
030413005	人（手）孔砌筑	1. 名称 2. 规格 3. 类型	个	按设计图示数量计算	砌筑
030413006	人（手）孔防水	1. 名称 2. 类型 3. 规格 4. 防水材质及做法	m²	按设计图示防水面积计算	防水

注：铁构件适用于电气工程的各种支架、铁构件的制作安装。

 相关知识

电气调整试验的清单项目设置事项

（1）供电系统的项目设置：1kV 以下和直流供电系统均以电压来设置，而 10kV 以下的交流供电系统则以供电用的负荷隔离开关、断路器和带电抗器分别设置。

（2）特殊保护装置调试的清单项目按其保护名称设置，其他均按需要调试的装置或设备的名称来设置。

（3）调整试验项目系指一个系统的调整试验，它是由多台设备、组件（配件）、网络连在一起，经过调整试验才能完成某一特定的生产过程，这个工作（调试）无法综合考虑在某一实体（仪表、设备、组件、网络）上，因此不能用物理计量单位或一般的自然计量单位来计量，只能用"系统"为单位计量。

（4）电气调试系统的划分以设计的电气原理系统图为依据。

第 11 节 配管、配线

☙ 要 点 ❧

本节主要介绍配管、配线的定额说明，配管、配线的全国统一定额工程量计算规则，配管、配线工程量清单项目设置及工程量计算规则。

☙ 解 释 ❧

一、配管、配线定额说明

(1)《全国统一安装工程预算定额》第二册《电气设备安装工程》第十二章配管、配线均未包括接线箱、盒及支架的制作、安装。钢索架设及拉紧装置的制作、安装，插接式母线槽支架制作、槽架制作及配管支架应执行铁构件制作定额。

(2) 连接设备导线预留长度见表 4-26。

表 4-26　连接设备导线预留长度（每一根线）

序号	项　目	预留长度	说　明
1	各种开关箱、柜、板	高＋宽	盘面尺寸
2	单独安装(无箱、盘)的铁壳开关、闸刀开关、启动器、母线槽进出线盒等	0.3m	以安装对象中心算
3	由地坪管子出口引至动力接线箱	1m	以管口计算
4	电源与管内导线连接(管内穿线与软、硬母线接头)	1.5m	以管口计算
5	出户线	1.5m	以管口计算

二、配管、配线全国统一定额工程量计算规则

(1) 各种配管应区别不同敷设方式、敷设位置、管材材质、规格，以"延长米"为计量单位，不扣除管路中间的接线箱（盒）、灯头盒、开关盒所占长度。

(2) 定额中未包括钢索架设及拉紧装置、接线箱（盒）、支架的制作安装，其工程量应另行计算。

(3) 管内穿线的工程量，应区别线路性质、导线材质、导线截面，以单线"延长米"为计量单位计算。线路分支接头线的长度已综合考虑在定额中，不得另行计算。

照明线路中的导线截面大于或等于 $6mm^2$ 以上时，应执行动力线路穿线相应项目。

(4) 线夹配线工程量，应区别线夹材质（塑料、瓷质）、线式（两线、三线）、敷设位置（在木、砖、混凝土）以及导线规格，以线路"延长米"为计量单位计算。

(5) 绝缘子配线工程量，应区别绝缘子形式（针式、鼓形、蝶式）、绝缘子配线位置（沿屋架、梁、柱、墙，跨屋架、梁、柱，木结构，顶棚内砖、混凝土结构，沿钢支架及钢索）、导线截面积，以线路"延长米"为计量单位计算。

绝缘子暗配，引下线按线路支持点至天棚下缘距离的长度计算。

（6）槽板配线工程量，应区别槽板材质（木质、塑料）、配线位置（在木结构、砖、混凝土）、导线截面、线式（二线、三线），以线路"延长米"为计量单位计算。

（7）塑料护套线明敷工程量，应区别导线截面、导线芯数（二芯、三芯）、敷设位置（在木结构、砖混凝土结构，沿钢索），以单根线路"延长米"为计量单位计算。

（8）线槽配线工程量，应区别导线截面，以单根线路"延长米"为计量单位计算。

（9）钢索架设工程量，应区别圆钢、钢索直径（φ6，φ9），按图示墙（柱）内缘距离，以"延长米"为计量单位计算，不扣除拉紧装置所占长度。

（10）母线拉紧装置及钢索拉紧装置制作安装工程量，应区别母线截面、花篮螺栓直径（12mm，16mm，18mm），以"套"为计量单位计算。

（11）车间带形母线安装工程量，应区别母线材质（铝、铜）、母线截面、安装位置（沿屋架、梁、柱、墙，跨屋架、梁、柱），以"延长米"为计量单位计算。

（12）动力配管混凝土地面刨沟工程量，应区别管子直径，以"延长米"为计量单位计算。

（13）接线箱安装工程量，应区别安装形式（明装、暗装）、接线箱半周长，以"个"为计量单位计算。

（14）接线盒安装工程量，应区别安装形式（明装、暗装、钢索上）以及接线盒类型，以"个"为计量单位计算。

（15）灯具，明、暗开关，插座、按钮等的预留线，已分别综合在相应定额内，不另行计算。配线进入开关箱、柜、板的预留线，按表4-21规定的长度，分别计入相应的工程量。

三、配管、配线工程量清单项目设置及工程量计算规则

配管、配线工程量清单项目设置及工程量计算规则，应按表4-27的规定执行。

表4-27　配管、配线（编码：030411）

项目编码	项目名称	项目特征	计量单位	工程量计算规则	工作内容
030411001	配管	1. 名称 2. 材质 3. 规格 4. 配置形式 5. 接地要求 6. 钢索材质、规格			1. 电线管路敷设 2. 钢索架设（拉紧装置安装） 3. 预留沟槽 4. 接地
030411002	线槽	1. 名称 2. 材质 3. 规格	m	按设计图示尺寸以长度计算	1. 本体安装 2. 补刷（喷）油漆
030411003	桥架	1. 名称 2. 型号 3. 规格 4. 材质 5. 类型 6. 接地方式			1. 本体安装 2. 接地

续表

项目编码	项目名称	项目特征	计量单位	工程量计算规则	工作内容
030411004	配线	1. 名称 2. 配线形式 3. 型号 4. 规格 5. 材质 6. 配线部位 7. 配线线制 8. 钢索材质、规格	m	按设计图示尺寸以单线长度计算(含预留长度)	1. 配线 2. 钢索架设(拉紧装置安装) 3. 支持体(夹板、绝缘子、槽板等)安装
030411005	接线箱	1. 名称 2. 材质	个	按设计图示数量计算	本体安装
030411006	接线盒	3. 规格 4. 安装形式			

注：1. 配管、线槽安装不扣除管路中间的接线箱（盒）、灯头盒、开关盒所占长度。

2. 配管名称指电线管、钢管、防爆管、塑料管、软管、波纹管等。

3. 配管配置形式指明配、暗配、吊顶内、钢结构支架、钢索配管、埋地敷设、水下敷设、砌筑沟内敷设等。

4. 配线名称指管内穿线、瓷夹板配线、塑料夹板配线、绝缘子配线、槽板配线、塑料护套配线、线槽配线、车间带形母线等。

5. 配线形式指照明线路，动力线路，木结构，顶棚内，砖、混凝土结构，沿支架、钢索、屋架、梁、柱、墙，以及跨屋架、梁、柱。

6. 配线保护管遇到下列情况之一时，应增设管路接线盒和拉线盒：(1) 管长度每超过 30m，无弯曲；(2) 管长度每超过 20m，有 1 个弯曲；(3) 管长度每超过 15m，有 2 个弯曲；(4) 管长度每超过 8m，有 3 个弯曲。垂直敷设的电线保护管遇到下列情况之一时，应增设固定导线用的拉线盒：(1) 管内导线截面为 $50mm^2$ 及以下，长度每超过 30m；(2) 管内导线截面为 $70 \sim 95mm^2$，长度每超过 20m；(3) 管内导线截面为 $120 \sim 240mm^2$，长度每超过 18m。在配管清单项目计量时，设计无要求时上述规定可以作为计量接线盒、拉线盒的依据。

7. 配管安装中不包括凿槽、刨沟，应按附属工程相关项目编码列项。

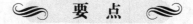

相关知识

配管、配线的分类

配售、配线是指从配电控制设备到用电器具的配电线路和控制线路敷设，它分为明配和暗配两种形式。

明配管是指沿墙壁、天棚、梁、柱、钢结构支架等的明敷设。暗配管是指在土建施工时，将管子预先埋设在墙壁、楼板或天棚内等，称为暗配。暗配管可以不损坏建筑物，增加美观性，防水、防潮，使用寿命长。但施工周期长，且麻烦，不易维修。暗配管一般用于使用功能要求较高的楼、堂、馆及工业生产装置区的仪表车间等。

第 12 节　照 明 器 具

要　点

本节主要介绍照明器具的定额说明，照明器具安装的全国统一定额工程量计算规则，照明器具安装工程量清单项目设置及工程量计算规则。

∼∽ 解 释 ∽∼

一、照明器具定额说明

（1）各型灯具的引导线，除注明者外，均已综合考虑在定额内，执行时不得换算。

（2）路灯、投光灯、碘钨灯、氙气灯、烟囱或水塔指示灯，均已考虑了一般工程的高空作业因素，其他器具安装高度如超过 5m，则应按定额说明中规定的超高系数另行计算。

（3）定额中装饰灯具项目均已考虑了一般工程的超高作业因素，并包括脚手架搭拆费用。

（4）装饰灯具定额项目与示意图号配套使用。

（5）定额内已包括利用摇表测量绝缘及一般灯具的试亮工作（但不包括调试工作）。

二、照明器具全国统一定额工程量计算规则

（1）普通灯具安装的工程量，应区别灯具的种类、型号、规格，以"套"为计量单位计算。普通灯具安装定额适用范围见表 4-28。

表 4-28 普通灯具安装定额适用范围

定额名称	灯 具 种 类
圆球吸顶灯	材质为玻璃的螺口、卡口圆球独立吸顶灯
半圆球吸顶灯	材质为玻璃的、独立的半圆球吸顶灯,扁圆罩吸顶灯,平圆形吸顶灯
方形吸顶灯	材质为玻璃的、独立的矩形罩吸顶灯,方形罩吸顶灯,大口方罩顶灯
软线吊灯	利用软线为垂吊材料,独立的,材质为玻璃、塑料、搪瓷,形状如碗、伞、平盘灯罩组成的各式软线吊灯
吊链灯	利用吊链作辅助悬吊材料,独立的,材质为玻璃、塑料罩的各式吊链灯
防水吊灯	一般防水吊灯
一般弯脖灯	圆球弯脖灯,风雨壁灯
一般墙壁灯	各种材质的一般壁灯、镜前灯
软线吊灯头	一般吊灯头
声光控座灯头	一般声控、光控座灯头
座灯头	一般塑胶、瓷质座灯头

（2）吊式艺术装饰灯具的工程量，应根据装饰灯具示意图集所示，区别不同装饰物以及灯体直径和灯体垂吊长度，以"套"为计量单位计算。灯体直径为装饰物的最大外缘直径，灯体垂吊长度为灯座底部到灯梢之间的总长度。

（3）吸顶式艺术装饰灯具安装的工程量，应根据装饰灯具示意图集所示，区别不同装饰物、吸盘的几何形状、灯体直径、灯体周长和灯体垂吊长度，以"套"为计量单位计算。灯体直径为吸盘最大外缘直径，灯体半周长为矩形吸盘的半周长，吸顶式艺术装饰灯具的灯体垂吊长度为吸盘到灯梢之间的总长度。

（4）荧光艺术装饰灯具安装的工程量，应根据装饰灯具示意图集所示，区别不同安装形式和计量单位计算。

① 组合荧光灯光带安装的工程量，应根据装饰灯具示意图集所示，区别安装形式、灯管数量，以"延长米"为计量单位计算。灯具的设计数量与定额不符时，可以按设计量加损耗量调整主材。

② 内藏组合式灯安装的工程量，应根据装饰灯具示意图集所示，区别灯具组合形式，以"延长米"为计量单位。灯具的设计数量与定额不符时，可根据设计数量加损耗量调整主材。

③ 发光棚安装的工程量，应根据装饰灯具示意图集所示，以"m²"为计量单位。发光棚灯具按设计用量加损耗量计算。

④ 立体广告灯箱、荧光灯光沿的工程量，应根据装饰灯具示意图集所示，以"延长米"为计量单位。灯具设计用量与定额不符时，可根据设计数量加损耗量调整主材。

（5）几何形状组合艺术灯具安装的工程量，应根据装饰灯具示意图集所示，区别不同安装形式及灯具的不同形式，以"套"为计量单位计算。

（6）标志、诱导装饰灯具安装的工程量，应根据装饰灯具示意图集所示，区别不同安装形式，以"套"为计量单位计算。

（7）水下艺术装饰灯具安装的工程量，应根据装饰灯具示意图集所示，区别不同安装形式，以"套"为计量单位计算。

（8）点光源艺术装饰灯具安装的工程量，应根据装饰灯具示意图集所示，区别不同安装形式、不同灯具直径，以"套"为计量单位计算。

（9）草坪灯具安装的工程量，应根据装饰灯具示意图集所示，区别不同安装形式，以"套"为计量单位计算。

（10）歌舞厅灯具安装的工程量，应根据装饰灯具示意图所示，区别不同灯具形式，分别以"套"、"延长米"、"台"为计量单位计算。装饰灯具安装定额适用范围见表 4-29。

表 4-29　装饰灯具安装定额适用范围

定额名称	灯具种类（形式）
吊式艺术装饰灯具	不同材质、不同灯体垂吊长度、不同灯体直径的蜡烛灯、挂片灯、串珠（穗）灯、串棒灯、吊杆式组合灯、玻璃罩（带装饰）灯
吸顶式艺术装饰灯具	不同材质、不同灯体垂吊长度、不同灯体几何形状的串珠（穗）灯、串棒灯、挂片、挂碗、挂吊蝶灯、玻璃（带装饰）灯
荧光艺术装饰灯具	不同安装形式、不同灯管数量的组合荧光灯光带，不同几何组合形式的内藏组合式灯，不同几何尺寸、不同灯具形式的发光棚，不同形式的立体广告灯箱、荧光灯光沿
几何形状组合艺术灯具	不同固定形式、不同灯具形式的繁星灯、钻石星灯、礼花灯、玻璃罩钢架组合灯、凸片灯、反射挂灯、筒形钢架灯、U 型组合灯、弧形管组合灯
标志、诱导装饰灯具	不同安装形式的标志灯、诱导灯
水下艺术装饰灯具	简易型彩灯、密封型彩灯、喷水池灯、幻光型灯
点光源艺术装饰灯具	不同安装形式、不同灯体直径的筒灯、牛眼灯、射灯、轨道射灯
草坪灯具	各种立柱式、墙壁式的草坪灯
歌舞厅灯具	各种安装形式的变色转盘灯、雷达射灯、幻影转彩灯、维纳斯旋转彩灯、卫星旋转效果灯、飞碟旋转效果灯、多头转灯、滚筒灯、频闪灯、太阳灯、雨灯、歌星灯、边界灯、射灯、泡泡发生器、迷你满天星彩灯、迷你单立（盘彩灯）、多头宇宙灯、镜面球灯、蛇光管

（11）荧光灯具安装的工程量，应区别灯具的安装形式、灯具种类、灯管数量，以"套"为计量单位计算。荧光灯具安装定额适用范围见表4-30。

表4-30　荧光灯具安装定额适用范围

定 额 名 称	灯 具 种 类
组装型荧光灯	单管、双管、三管吊链式，吸顶式，现场组装独立荧光灯
成套型荧光灯	单管、双管、三管吊链式、吊管式、吸顶式、成套独立荧光灯

（12）工厂灯及防水防尘灯安装的工程量，应区别不同安装形式，以"套"为计量单位计算。工厂灯及防水防尘灯安装定额适用范围见表4-31。

表4-31　工厂灯及防水防尘灯安装定额适用范围

定 额 名 称	灯 具 种 类
直杆工厂吊灯	配照(GC_1-A)，广照(GC_3-A)，深照(GC_5-A)，斜照(GC_7-A)，圆球(GC_{17}-A)，双罩(GC_{19}-A)
吊链式工厂灯	配照(GC_1-B)，深照(GC_3-B)，斜照(GC_5-C)，圆球(GC_7-B)，双罩(GC_{19}-B)，广照(GC_{19}-B)
吸顶式工厂灯	配照(GC_1-C)，广照(GC_3-C)，深照(GC_5-C)，斜照(GC_7-C)，双罩(GC_{19}-C)
弯杆式工厂灯	配照(GC_1-D/E)，广照(GC_3-D/E)，深照(GC_5-D/E)，斜照(GC_7-D/E)，双罩(GC_{19}-C)，局部深罩(GC_{26}-F/H)
悬挂式工厂灯	配照(GC_{21}-2)，深照(GC_{23}-2)
防水防尘灯	广照(GC_9-A，B，C)，广照保护网(GC_{11}-A，B，C)，散照(GC_{15}-A，B，C，D，E，F，G)

（13）工厂其他灯具安装的工程量，应区别不同灯具类型、安装形式、安装高度，以"套""个""延长米"为计量单位计算。工厂其他灯具安装定额适用范围见表4-32。

表4-32　工厂其他灯具安装定额适用范围

定 额 名 称	灯 具 种 类
防潮灯	扁形防潮灯(GC-31)，防潮灯(GC-33)
腰形舱顶灯	腰形舱顶灯(CCD-1)
碘钨灯	DW型，220V，300～1000W
管形氙气灯	自然冷却式，200V/380V，20kW内
投光灯	TG型室外投光灯
高压水银灯镇流器	外附式镇流器具125～450W
安全灯	AOB-1，2，3型和AOC-1，2型安全灯
防爆灯	CBC-200型防爆灯
高压水银防爆灯	CBC-125/250型高压水银防爆灯
防爆荧光灯	CBC-1/2单/双管防爆型荧光灯

（14）医院灯具安装的工程量，应区别灯具种类，以"套"为计量单位计算。医院灯具安装定额适用范围见表4-33。

（15）路灯安装工程，应区别不同臂长、不同灯数，以"套"为计量单位计算。

工厂厂区内、住宅小区内路灯安装执行定额。城市道路的路灯安装执行《全国统一市政工程预算定额》。路灯安装定额范围见表4-34。

表 4-33　医院灯具安装定额适用范围

定　额　名　称	灯　具　种　类
病房指示灯	病房指示灯
病房暗脚灯	病房暗脚灯
无影灯 ·	3～12 孔管式无影灯

表 4-34　路灯安装定额范围

客　额　名　称	灯　具　种　类
大马路弯灯	臂长 1200mm 以下，臂长 1200mm 以上
庭院路灯	三火以下，七火以下

（16）开关、按钮安装的工程量，应区别开关、按钮安装形式，开关、按钮种类，开关极数以及单控与双控，以"套"为计量单位计算。

（17）插座安装的工程量，应区别电源相数、额定电流、插座安装形式、插座插孔个数，以"套"为计量单位计算。

（18）安全变压器安装的工程量，应区别安全变压器容量，以"台"为计量单位计算。

（19）电铃、电铃号牌箱安装的工程量，应区别电铃直径、电铃号牌箱规格（号），以"套"为计量单位计算。

（20）门铃安装工程计算，应区别门铃安装形式，以"个"为计量单位计算。

（21）风扇安装的工程量，应区别风扇种类，以"台"为计量单位计算。

（22）盘管风机三速开关、请勿打扰灯，需刨插座安装的工程量，以"套"为计量单位计算。

三、照明器具工程量清单项目设置及工程量计算规则

照明器具安装的工程量清单项目设置及工程量计算规则，应按表 4-35 的规定执行。

表 4-35　照明器具安装（编码：030412）

项目编码	项目名称	项目特征	计量单位	工程量计算规则	工作内容
030412001	普通灯具	1. 名称 2. 型号 3. 规格 4. 类型	套	按设计图示数量计算	本体安装
030412002	工厂灯	1. 名称 2. 型号 3. 规格 4. 安装形式			
030412003	高度标志（障碍）灯	1. 名称 2. 型号 3. 规格 4. 安装部位 5. 安装高度	套	按设计图示数量计算	本体安装
030412004	装饰灯	1. 名称 2. 型号 3. 规格 4. 安装形式			
030412005	荧光灯				

续表

项目编码	项目名称	项目特征	计量单位	工程量计算规则	工作内容
030412006	医疗专用灯	1. 名称 2. 型号 3. 规格			本体安装
030412007	一般路灯	1. 名称 2. 型号 3. 规格 4. 灯杆材质、规格 5. 灯架形式及臂长 6. 附件配置要求 7. 灯杆形式(单、双) 8. 基础形式、砂浆配合比 9. 杆座材质、规格 10. 接线端子材质、规格 11. 编号 12. 接地要求			1. 基础制作、安装 2. 立灯杆 3. 杆座安装 4. 灯架及灯具附件安装 5. 焊、压接线端子 6. 补刷(喷)油漆 7. 灯杆编号 8. 接地
030412008	中杆灯	1. 名称 2. 灯杆的材质及高度 3. 灯架的型号、规格 4. 附件配置 5. 光源数量 6. 基础形式、浇筑材质 7. 杆座材质、规格 8. 接线端子材质、规格 9. 铁构件规格 10. 编号 11. 灌浆配合比 12. 接地要求	套	按设计图示数量计算	1. 基础浇筑 2. 立灯杆 3. 杆座安装 4. 灯架及灯具附件安装 5. 焊、压接线端子 6. 铁构件安装 7. 补刷(喷)油漆 8. 灯杆编号 9. 接地
030412009	高杆灯	1. 名称 2. 灯杆高度 3. 灯架形式(成套或组装、固定或升降) 4. 附件配置 5. 光源数量 6. 基础形式、浇筑材质 7. 杆座材质、规格 8. 接线端子材质、规格 9. 铁构件规格 10. 编号 11. 灌浆配合比 12. 接地要求			1. 基础浇筑 2. 立灯杆 3. 杆座安装 4. 灯架及灯具附件安装 5. 焊、压接线端子 6. 铁构件安装 7. 补刷(喷)油漆 8. 灯杆编号 9. 升降机构接线调试 10. 接地
030412010	桥栏杆灯	1. 名称 2. 型号 3. 规格 4. 安装形式			1. 灯具安装 2. 补刷(喷)油漆
030412011	地道涵洞灯				

注：1. 普通灯具包括圆球吸顶灯、半圆球吸顶灯、方形吸顶灯、软线吊灯、座灯头、吊链灯、防水吊灯、壁灯等。

2. 工厂灯包括工厂罩灯、防水灯、防尘灯、碘钨灯、投光灯、泛光灯、混光灯、密闭灯等。

3. 高度标志(障碍)灯包括烟囱标志灯、高塔标志灯、高层建筑屋顶障碍指示灯等。

4. 装饰灯包括吊式艺术装饰灯、吸顶式艺术装饰灯、荧光艺术装饰灯、几何型组合艺术装饰灯、标志灯、诱导装饰灯、水下(上)艺术装饰灯、点光源艺术灯、歌舞厅灯具、草坪灯具等。

5. 医疗专用灯包括病房指示灯、病房暗脚灯、紫外线杀菌灯、无影灯等。

6. 中杆灯是指安装在高度小于或等于19m的灯杆上的照明器具。

7. 高杆灯是指安装在高度大于19m的灯杆上的照明器具。

✦ 相关知识 ✦

照明光源与灯具

电光源按发光原理可分为两大类：一类是热辐射光源，如白炽灯和卤钨灯。另一类是气体放电光源，如荧光灯、高压汞灯、钠灯、金属卤化物灯、氙灯等。白炽灯和荧光灯被广泛用于建筑物内部照明，卤钨灯、高压汞灯、钠灯、金属卤化物灯、氙灯等则用于广场道路、建筑物立面、体育馆等照明。

灯具是光源、灯罩（控照器）和附件的总称，它的功能是将光源所发出的光通量进行再分配，并具有装饰和美化环境的作用。

灯具的分类方法有国际照明学会（CIE）的配光分类法，安装方式分类法和应用环境分类法等。若按安装方式分类，可分为悬吊式、壁装式、吸顶式、嵌入式等。悬吊式又可分为软线吊灯、链吊灯、管吊灯等。

第 13 节   电气工程工程量计算实例分析

【例 4-1】 ××别墅局部照明系统一回路见图 4-5。

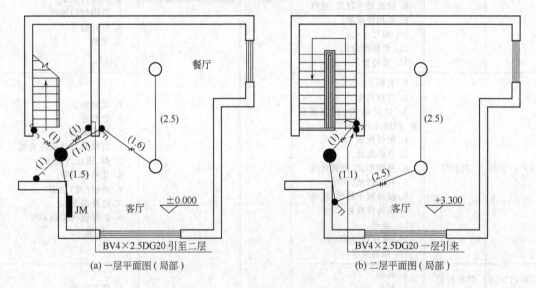

图 4-5   ××别墅局部照明系统图

说明：
1. 照明配电箱 JM 为嵌入式安装。
2. 管道均采用镀锌钢管 DN20 沿顶板、墙暗配，一层、二层顶板内敷管标高分别为
   3.20m 和 6.50m，管内穿绝缘导线 BV2.5mm²。
3. 配管水平长度见图 4-5 所示，括号内数字，单位为 m。型号、规格见表 4-36。

表 4-37 中数据为该照明工程的相关费用。管理费和利润分别按人工费的 65% 和 35% 计。

分部分项工程量清单的统一编码见表 4-38。

表 4-36　照明系统型号、规格参照表

序号	图例	名称、型号、规格	备注
1		照明配电箱 JM600mm×40mm×120mm(宽×高×厚)	箱底标高 1.6m
2	○	装饰灯 FZS-164　1×100W	吸顶
3	●	圆球罩灯 JXD1-1　1×40W	
4	⚬̸	单联单控暗开关 10A　250V	
5	⚬̸	双联单控暗开关 10A　250V	安装高度 1.3m
6	⚬̸	单联双控暗开关 10A　250V	

表 4-37　照明工程相关费用

序号	项目名称	计量单位	安装费/元			主材	
			人工费	材料费	机械使用费	单价/元	损耗率/%
1	镀锌钢管暗配 DN20	m	1.28	0.32	0.18	3.50	3
2	照明线路管内线 BV2.5mm²	m	0.23	0.18	0	1.50	16
3	暗装接线盒	个	1.05	2.15	0	3.00	2
4	暗装开关盒	个	1.12	1.00	0	3.00	2

表 4-38　分部分项工程量清单统一编码

项目编码	项目名称	项目编码	项目名称
030411001	配管	030404031	小电器
030411004	配线	030412004	装饰灯
030404017	配电箱	030412001	普通灯具
030404019	控制开关	030404016	控制箱

根据图示内容和《建设工程工程量清单计价规范》（GB 50500—2013）的规定，计算相关工程量和编制分部分项工程量清单（表 4-39）。

假设镀锌钢管 DN20 暗配和管内穿绝缘导线 BV2.5mm² 清单工程量分别为 30m 和 80m，依据上述相关费用数据计算以上两个项目的综合单价，并分别列出其工程量清单综合单价分析表。

【解】　(1)　① 镀锌钢管 DN20 暗配工程量计算式：

一层：$(1.5+3.2-1.6-0.4)+(1+3.2-1.3)+(1+3.2-1.3)+(1+0.1+1.3)+(1.1+3.2-1.3)+(1.6+3.2-1.3)+2.5=19.9$（m）

二层：$(1+3.2-1.3)+(1.1+3.2-1.3)+(2.5+3.2-1.3)+2.5=12.8$（m）

合计：$19.9+12.8=32.7$（m）

② 管内穿线 BV2.5mm² 工程量计算式：

二线：$[(1.5+3.2-1.6-0.4)+(1+3.2-1.3)+(1.1+3.2-1.3)+2.5+(1.1+3.2-1.3)+2.5]×2=33.2$（m）

三线：$[(1+3.2-1.3)+(1.6+3.2-1.3)+(1+3.2-1.3)+(2.5+3.2-1.3)]×3=41.1$（m）

四线：$(1+0.1+1.3)×4=9.6$（m）

合计：$33.2+41.1+9.6=83.9$（m）

表 4-39　分部分项工程量清单表

项工程项目：××别墅照明工程

序号	项目编码	项目名称	项目特征描述	计量单位	工程数量
1	030404017001	配电箱	照明配电箱 JM 嵌入式安装	台	1
2	030411001001	电气配管	镀锌钢管 DN20 暗配包括灯头盒 6 个、开关盒 5 个	m	32.7
3	030411004001	电气配线	管内穿绝缘导线 BV2.5mm²	m	83.9
4	030404031001	小电器	单联单控暗开关 10A　250V	个	1
5	030404031002	小电器	双联单控暗开关 10A　250V	个	2
6	030404031003	小电器	单联双控暗开关 10A　250V	个	2
7	030412004001	装饰灯	装饰灯 FZS-164　1×100W	套	4
8	030412001001	普通吸顶灯及其他灯具	圆球罩灯 JXD1-1　1×40W	套	2

（2）电气配管镀锌钢管 DN20 暗配和电气配管管内穿绝缘导线 BV2.5mm² 的分部分项工程量清单综合计价分析见表 4-40、表 4-41。

表 4-40　工程量清单综合单价分析表（一）

工程名称：××别墅照明工程

项目编码	030411001001	项目名称	电气配管	计量单位	m	工程量	32.7

综合单价组成明细

定额编号	定额名称	定额单位	数量	单价/元				合价/元			
				人工费	材料费	机械费	管理费和利润	人工费	材料费	机械费	管理费和利润
一	镀锌钢管 DN20 暗配	m	30	1.28	0.32	0.18	1.28	38.40	9.60	5.40	38.40
	镀锌钢管 DN20	m	30.9	—	3.50				108.15		
二	暗装接线盒	个	6	1.05	2.15	0	1.05	6.30	12.90	0	6.30
	接线盒	个	6.12	—	3				18.36		
三	暗装开关盒	个	5	1.12	1	0	1.12	5.60	5.00	0	5.6
	开关盒	个	5.10	—	3				15.30		
人工单价			小计					50.30	169.31	5.4	50.30
元/工日			未计价材料费								
清单项目综合单价								9.18			

材料费明细	主要材料名称、规格、型号	单位	数量	单价/元	合价/元	暂估单价/元	暂估合价/元
	镀锌钢管 DN20 暗配辅材	m	30	0.32	9.60		
	镀锌钢管 DN20 主材	m	30.9	3.5	108.15		
	暗装接线盒辅材	个	6	2.15	12.90		
	接线盒主材	个	6.12	3	18.36		
	暗装开关盒辅材	个	5	1	5		
	开关盒主材	个	5.10	3	15.30		
	其他材料费			—		—	
	材料费小计			—	169.31		

表 4-41　工程量清单综合单价分析表（二）

工程名称：××别墅照明工程

项目编码	030411004001		项目名称	电气配线	计量单位	m	工程量			83.9
综合单价组成明细										
定额编号	定额名称	定额单位	数量	单价/元				合价/元			

定额编号	定额名称	定额单位	数量	人工费	材料费	机械费	管理费和利润	人工费	材料费	机械费	管理费和利润
—	管内穿线 BV2.5mm²	m	82	0.23	0.18	0	0.23	18.86	14.76	0	18.86
	绝缘导线 BV2.5mm²	m	95.12	—	1.5	—	—		142.68		
人工单价			小计					18.86	157.44	0	18.86
元/工日			未计价材料费								
清单项目综合单价								2.44			

材料费明细	主要材料名称、规格、型号	单位	数量	单价/元	合价/元	暂估单价/元	暂估合价/元
	管内穿线 BV2.5mm² 辅材	m	82	0.18	14.76		
	绝缘导线 BV2.5mm² 主材	m	95.12	1.5	142.68		
	其他材料费			—			
	材料费小计			—	157.44		

【例 4-2】　某电气工程需要安装五台变压器，其中：三台油浸式电力变压器 $SL_1-1000kV \cdot A/10kV$；二台干式变压器 $SG-100kV \cdot A/10-0.4kV$。$SL_1-1000kV \cdot A/10kV$ 需做干燥处理，其绝缘油要过滤。试编制变压器的工程量清单。

【解】　变压器的清单工程量见表 4-42。

表 4-42　清单工程量计算表

工程名称：××工程　　　　　　　　　　　　　　　　　　　　　　　　第　页　共　页

序号	项目编码	项目名称	项目特征描述	计量单位	工程量
1	030401001001	油浸电力变压器安装	$SL_1-1000kV \cdot A/10kV$；包括变压器干燥处理；绝缘油要过滤；基础型钢制作、安装	台	3
2	030401002001	干式变压器安装	$SG-100kV \cdot A/10-0.4kV$；包括基础型钢制作、安装	台	2

【例 4-3】　某电流互感器安装示意图如图 4-6 所示，试计算其清单工程量。

【解】　电流互感器安装的清单工程量计算见表 4-43。

表 4-43　清单工程量计算表

项目编码	项目名称	项目特征描述	计量单位	工程量
030402008001	电流互感器	安装	台	1

【例 4-4】　某工程进行"低压封闭式插接母线槽"安装，其型号为 CFW-2-400，共 350m，进、出分线箱 400A，型钢支吊架制安 800kg，试计算其清单工程量。

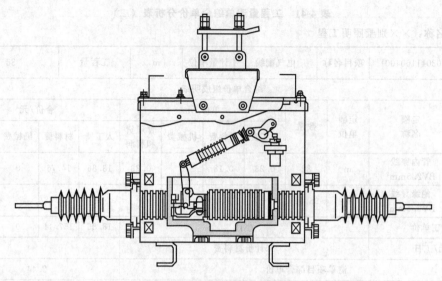

图 4-6 电流互感器安装示意图

【解】 低压封闭式插接母线槽清单工程量计算见表 4-44。

表 4-44 清单工程量计算表

项目编码	项目名称	项目特征描述	计量单位	工程量
030403006001	低压封闭式插接母线槽	低压封闭式插接母线槽 CFW-2-400,进出分线箱 400A,型钢支吊架制安 800kg	m	350

【例 4-5】 某电气工程使用组合软母线 1 根,跨度为 80m,计算其清单工程量。

【解】 清单工程量计算见表 4-45。

表 4-45 清单工程量计算表

项目编码	项目名称	项目特征描述	计量单位	工程量
030403002001	组合软母线	组合软母线安装	m	80

【例 4-6】 某电气工程设计动力配电箱三台,其中:一台挂墙安装、型号为 XLX (箱高 0.5m、宽 0.4m、深 0.2m),电源进线为 VV22－1KV4×25 (G50),出线为 BV－5×10 (G32),共三个回路;另两台落地安装,型号为 XL (F) －15 (箱高 1.7m、宽 0.8m、深 0.6m),电源进线为 VV22－1KV4×95 (G80),出线为 BV－5×16 (G32),共四个回路。配电箱基础采用 10 号槽钢制作。试计算配电箱的清单工程量。

【解】

清单工程量的计算见表 4-46。

【例 4-7】 某电气工程设计一组免维护蓄电池 220V/500A·h,由 12V 的组件 20 个组成,试计算其清单工程量。

【解】 免维护蓄电池 220V/500A·h 的清单工程量计算见表 4-47。

表 4-46 清单工程量计算表

序号	项目编码	项目名称	项目特征描述	计量单位	工程数量
1	030404017001	动力配电箱	型号:XLX; 规格:高0.5m,宽0.4m,深0.2m; 箱体安装; 压铜接线端子	台	1
2	030404017002	动力配电箱	型号:XL(F)—15; 规格:高1.7m,宽0.8m,深0.6m; 基础槽钢(10号)制作、安装; 箱体安装; 压铜接线端子	台	2

表 4-47 清单工程量计算表

项目编码	项目名称	项目特征描述	计量单位	工程量
030405001001	蓄电池	免维护,220V/500A·h	组件	20

【例 4-8】 某低压交流异步电动机如图 4-7 所示,各设备分别由 HHK、QZ、QC 控制,试计算电动机的清单工程量。

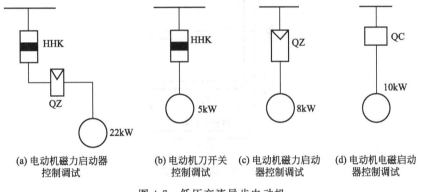

(a) 电动机磁力启动器　(b) 电动机刀开关　(c) 电动机磁力启　(d) 电动机电磁启
控制调试　　　　　控制调试　　　动器控制调试　　动器控制调试

图 4-7 低压交流异步电动机

【解】

(1) 电动机磁力启动器控制调试:1台;电动机检查接线 22kW:1台

(2) 电动机刀开关控制调试:1台;电动机检查接线 5kW:1台

(3) 电动机磁力启动器控制调试:1台;电动机检查接线 8kW:1台

(4) 电动机电磁启动器控制调试:1台;电动机检查接线 10kW:1台

电动机控制调试清单工程量计算见表 4-48。

表 4-48 清单工程量计算表

序号	项目编码	项目名称	项目特征描述	计量单位	工程量
1	030406006001	低压交流异步电动机	电动机磁力启动器控制调试	台	1
2	030406006002	低压交流异步电动机	电动机刀开关控制调试	台	1
3	030406006003	低压交流异步电动机	电动机磁力启动器控制调试	台	1
4	030406006004	低压交流异步电动机	电动机磁力启动器控制调试	台	1

【例 4-9】 某单层厂房滑触线平面布置如图 4-8 所示，柱间距为 3.0m，共 6 跨。在柱高 7.5m 处安装滑触线支架（60mm×60mm×6mm，每米重 4.32kg），如图 4-9 所示，采用螺栓固定，滑触线（50mm×50mm×5mm，每米重 2.63kg）两端设置指示灯。试计算滑触线的清单工程量。

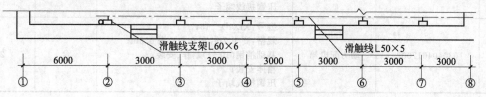

图 4-8 单层厂房滑触线平面布置

注：室内外地坪标高相同（±0.01），图中尺寸标注均以 mm 计。

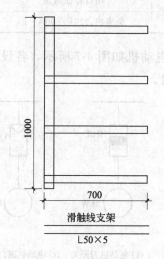

图 4-9 滑触线支架

【解】 滑触线安装清单工程量＝[3×6＋(1＋1)]×4＝80m

清单工程量计算见表 4-49。

表 4-49 清单工程量计算表

项目编码	项目名称	项目特征描述	计量单位	工程量
030407001001	滑触线	滑触线安装，L50mm×50mm×5mm，滑触线支架 6 副	m	80

【例 4-10】 某电缆敷设工程如图 4-10 所示，采用电缆沟铺砂盖砖直埋并列敷设 6 根 $XV_{29}(3×35＋1×10)$ 电力电缆，变电所配电柜至室内部分电缆穿 $\phi40mm$ 钢管保护，共 8m，室外电缆敷设共 120m，在配电间有 13m 穿 $\phi40mm$ 钢管保护。试计算该工程的清单工程量。

【解】

（1）电缆敷设清单工程量

(8＋120＋13)×6＝846m

（2）电缆保护管清单工程量

8＋13＝21m

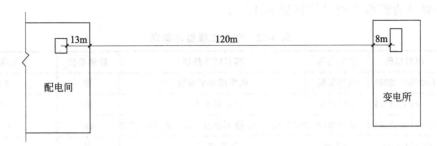

图 4-10 电缆敷设工程

清单工程量计算见表 4-50。

表 4-50 清单工程量计算表

项目编码	项目名称	项目特征描述	计量单位	工程量
030408001001	电力电缆	$XV_{29}(3\times35+1\times10)$,直埋并列敷设	m	846
030408003001	电缆保护管	$\phi40$ 钢管	m	21

【例 4-11】 某建筑物层高 4m,檐高 100m,外墙轴线总周长为 85m,试计算均压环焊接清单工程量和设在圈梁中的避雷带的清单工程量。

【解】 因为均压环焊接每 3 层焊一圈,即每 12m 焊一圈,因此 30m 以下可以设两圈,即 $2\times85=170m$。

二圈以上（即 $4m\times3$ 层 $\times2$ 圈 $=24m$ 以上）每两层设避雷带,$(100-24)\div6=13$ 圈

$85\times13=1105m$

清单工程量计算见表 4-51。

表 4-51 清单工程量计算表

项目编码	项目名称	项目特征描述	计量单位	工程量
030409004001	均压环	均压环焊接	m	170
030409005001	避雷带	圈梁中的避雷带	m	1105

【例 4-12】 某工厂需架设 380V/220V 三相四线线路,导线使用裸铜绞线（$3\times120+1\times70$）,10m 高水泥杆 10 根,杆距为 50m,杆上铁横担水平安装 1 根,末根杆上有阀型避雷器 5 组,试计算导线架设的清单工程量。

【解】

（1）横担安装：$10\times1=10$ 组

（2）电杆组立：10 根

（3）导线架设：

10 根杆共为 $9\times50=450m$

$120mm^2$ 导线：$L=3\times450=1350m$

$70mm^2$ 导线：$L=1\times450=450m$

（4）避雷器安装：5 组

导线架设的清单工程量计算见表 4-52。

表 4-52　清单工程量计算表

序号	项目编码	项目名称	项目特征描述	计量单位	工程量
1	030410002001	横担安装	铁横担水平安装	组	10
2	030410001001	电杆组立	10m 高水泥杆	根	10
3	030410003001	导线架设	380V/220V，裸铜绞线（3×120+1×70）	km	1.8
4	030414009001	避雷器	阀型避雷器	组	5

【例 4-13】　某塑料槽板配线，砖混结构，三线，BVV2.5mm²，长 900m。试计算塑料槽板配线的清单工程量。

【解】

(1) 塑料槽板配线（三线），砖混结构，BVV2.5mm²。

套用《全国统一安装工程预算定额（第二册）》（GYD—202—2000）2-1311

① 人工费：406.12/100×（900÷3）=1218.36 元

② 材料费：79.70/100×（900÷3）=239.1 元

(2) 主材：

① 绝缘导线 BVV2.5mm²：0.8×2.26×300=542.4 元

② 塑料槽板 38—63：21×1.05×300=6615 元

(3) 综合：

① 直接费合计：8614.86 元

② 管理费：8614.86×35％=3015.20 元

③ 利润：8614.86×5％=430.74 元

④ 总计：8614.86+3015.20+430.74=12060.8 元

⑤ 综合单价：12060.8÷900=13.40 元

清单工程量计算结果见表 4-53 和表 4-54。

表 4-53　分部分项工程量清单计价表

序号	项目编号	项目名称	项目特征描述	计量单位	工程数量	金额/元		
						综合单价	合价	其中直接费
1	030411002015	塑料槽板配线	砖混结构，三线，BVV2.5mm²	m	900	13.40	12060.8	8614.86

【例 4-14】　某吸顶式荧光灯具，组装型，单管，28 套。试计算其清单工程量。

【解】

(1) 吸顶式荧光灯具安装

① 人工费：5.57×28=155.96 元

② 材料费：4.27×28=119.56 元

③ 机械费：无

(2) 主材

表 4-54　工程量清单综合单价分析表

项目编码	030411002015	项目名称	塑料槽板配线	计量单位	m	工程量	900

| | | | | 清单综合单价组成明细 | | | | | |

定额编号	定额项目名称	定额单位	数量	单价/元			合价/元			
				人工费	材料费	机械费	人工费	材料费	机械费	管理费和利润
2-1311	塑料槽板（三线）配线 BVV2.5mm² 砖混	100m	9.0	406.12	79.70	—	1218.36	239.1	—	3445.94
人工单价				小计			1218.36	239.1	—	3445.94
28 元/工日				未计价材料费			7157.4			
清单项目综合单价/元							13.40			

材料费明细	主要材料名称、规格、型号	单位	数量	单价/元	合价/元	暂估单价/元	暂估合价/元
	绝缘导线 BVV2.5mm²	m	678	0.8	542.4		
	塑料槽板 38—63	m	315	21	6615		
	其他材料费	—		—	—		
	材料费小计	—		—	7157.4		

吸顶式荧光灯：$35 \times 1.01 \times 28 = 989.8$ 元

（3）综合

① 直接费合计：1265.32 元

② 管理费：$1265.32 \times 34\% = 430.21$ 元

③ 利润：$1265.32 \times 8\% = 101.23$ 元

④ 总计：$1265.32 + 430.21 + 101.23 = 1796.76$ 元

⑤ 综合单价：$1796.76 \div 28 = 64.17$ 元

清单工程量计算结果见表 4-55 和表 4-56。

表 4-55　分部分项工程量清单计价表

序号	项目编号	项目名称	项目特征描述	计量单位	工程数量	金额/元		
						综合单价	合价	其中
								直接费
1	030412005001	吸顶式荧光灯灯具	组装型、单管	套	28	64.17	1796.76	1265.32

表 4-56　工程量清单综合单价分析表

项目编号	030412005001	项目名称	吸顶式荧光灯灯具	计量单位	套	工程量	28

| | | | | 清单综合单价组成明细 | | | | | |

定额编号	定额项目名称	定额单位	数量	单价/元			合价/元			
				人工费	材料费	机械费	人工费	材料费	机械费	管理费和利润
2-1585	吸顶式荧光灯灯具（组装型）单管	10 套	2.8	55.73	42.69	—	155.96	119.56	—	531.44
人工单价				小计			155.96	119.56	—	531.44
28 元/工日				未计价材料费			—			
清单项目综合单价/元							64.17			

【例 4-15】 某电气工程的送配电装置系统进行电气调整试验，试编制该系统的工程量清单。

【解】 送配电装置系统的工程量清单见表 4-57。

表 4-57　分部分项工程量清单

项目编码	项目名称	项目特征描述	计量单位	工程内容
030414002001	送配电装置系统	型号；电压等级(kV)	系统	系统调试

【例 4-16】 某配电所主接线图如图 4-11 所示，试计算其清单工程量。

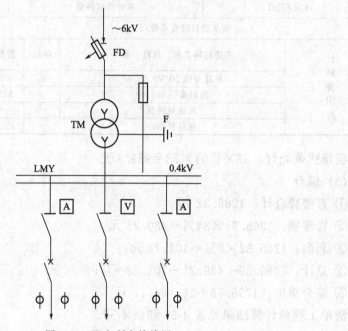

图 4-11　配电所主接线图

【解】

（1）避雷器调试　　1 组

（2）变压器系统调试　　1 个系统

（3）1kV 以下母线系统调试　　1 段

（4）1kV 以下供电送配电系统调试　　3 个系统

（5）特殊保护装置调试　　1 套

清单工程量计算见表 4-58。

表 4-58　清单工程量计算表

序号	项目编码	项目名称	项目特征描述	计量单位	工程量
1	030414009001	避雷器	避雷器调试	组	1
2	030414001001	电力变压器系统	变压器系统调试	系统	1
3	030414008001	母线	1kV 以下母线系统调试	段	1
4	030414002001	送配电装置系统	1kV 以下供电送配电系统调试，断路器	系统	3
5	030414003001	特殊保护装置	熔断器	系统	1

第5章
电气工程施工图预算的编制

第1节 电气工程施工预算的编制

〰〰 **要 点** 〰〰

电气工程施工预算是施工单位在工程开工前，以施工图预算为基础，依据施工图和施工定额或劳动定额、材料消耗定额及机械台班定额以及施工组织设计、施工现场实际情况而编制的用于施工单位内部控制工程成本的经济文件。

〰〰 **解 释** 〰〰

一、施工预算的编制依据

（1）施工图纸、设计说明书、图纸会审记录及有关标准图集等技术资料。

（2）施工组织设计或施工方案。

（3）施工现场的具体情况。

（4）施工定额和有关补充定额。

（5）人工工资标准，材料预算价格（或实际价格）、机械台班预算价格，这些价格是计算人工费、材料费、机械费用的主要依据。

（6）审批后的施工图预算书。施工图预算书中的数据，如工程量、定额直接费，以及相应的人工费、材料费、机械费，人工和主要材料的预算消耗数量等，都给施工预算的编制提供有利条件和可比的数据。

二、施工预算的编制方法

施工预算的编制方法，一般有实物法、实物金额法两种。

（1）实物法 这种方法是根据施工图纸、施工定额、施工组织设计或施工方案计算出工程量后，套用施工定额，并分析计算其人工和各种材料数量，然后加以汇总，不进行价格计算。由于它是以计算确定的实物消耗量反映其经济效果，故称实物法。

（2）实物金额法　这种方法是在实物法算出人工和各种材料消耗数量后，再分别乘以所在地区的人工工资标准和材料预算价格，求出人工费、材料费和直接费，用各项费用的多少反映其经济效益，故称实物金额法。

∽ 相关知识 ∾

施工预算的作用

编制施工预算的目的是为了组织指导施工和进行两算对比，其具体作用可概括为以下几个方面。

（1）施工计划部门根据施工预算的工程量和定额工日数，安排施工作业计划和组织施工。

（2）劳动工资部门根据施工预算的劳动力需要计划，安排各工种的劳动力人数和进场时间。

（3）材料供应部门根据施工预算确定工程所需材料的品种、规格和数量，并依此进行备料和按时组织材料进场。

（4）施工队根据施工预算向班组签发施工任务单和限额领料单。

（5）施工预算是施工企业进行"两算"（即施工图预算和施工预算）对比，研究经营决策的依据。

（6）财务部门可以根据施工预算，定期进行经济活动分析，加强工程成本管理。

（7）施工预算是促进技术节约措施的有效方法。

从上述可以看出，施工预算在企业施工管理中具有非常重要的作用，它涉及企业内部所有的业务部门和各基层施工单位。因此，结合工程实际，及时准确地编制施工预算，对于提高企业经营管理水平，明确经济责任制，降低工程成本，提高经济效益，都是十分重要的。

第 2 节　电气工程施工图预算的编制

∽ 要 点 ∾

电气工程施工图预算是指以施工图为依据，按照现行预算定额（单位估价表）、费用定额、材料预算价格、地区工资标准以及有关技术、经济文件编制确定工程造价的文件。

∽ 解 释 ∾

一、施工图预算的编制依据

（1）经会审后的施工图纸（含施工说明书）。

（2）现行《全国统一安装工程预算定额》和配套使用的各省、市、自治区的单位估价表。

（3）地区材料预算价格。

（4）费用定额，亦称为安装工程取费标准。

（5）施工图会审纪要。

（6）工程施工及验收规范。

（7）工程承包合同或协议书。

（8）施工组织设计或施工方案。

（9）国家标准图集和有关技术经济文件、预算工作手册、工具书等。

二、施工图预算编制应具备的条件

（1）施工图纸已经会审。

（2）施工组织设计或施工方案已经审批。

（3）工程承包合同已经签订生效。

三、施工图预算的计算步骤

（1）熟悉施工图纸（读图）。

（2）熟悉施工组织设计或施工方案。

（3）熟悉合同所划分的内容及范围。

（4）按照施工图纸计算工程量（列项）。

（5）汇总工程量，然后套用相应定额（填写工、料分析表）。

（6）计算直接工程费（先在工程量计价表中填写人工费、计价材料费、机械费、未计价材料费等，然后汇总上述四项费用，再在费用计算程序表中计取直接工程费）。

（7）在费用计算程序表中计算间接费（按照间接费用定额及有关规定）。

（8）计算利润（按照间接费用定额及工程承包合同约定）。

（9）计算按规定计取的有关费用。

（10）计算含税造价。

（11）计算相关技术、经济指标（如单方造价：元/m^2；单方消耗量：钢材 t/m^2、水泥 kg/m^2、原木 m^3/m^2）。

（12）撰写编制说明（内容包括本单位工程施工图预算编制依据、价差的处理、工程和图纸中存在的问题、未尽事宜的解决办法等）。

（13）对施工图预算书进行校核、审核、审查、签字、盖章。

相关知识

施工图预算的作用

在市场经济条件下，施工图预算的主要作用如下。

（1）根据施工图预算调整建设投资　施工图预算根据施工图和现行预算定额等规定编制，确定的工程造价是该单位工程的计划成本，投资方或业主按照施工图预算调整筹集建设资金，并控制资金的合理使用。

（2）根据施工图预算确定招标的标底　对于实行施工招标的工程，施工图预算是编制标底的依据，亦是承包企业投标报价的基础。

（3）根据施工图预算拨付和结算工程价款　业主向银行贷款，银行拨款，业主同承包商签订承包合同，双方进行结算、决算等均依据施工图预算。

（4）根据施工图预算施工企业进行运营和经济核算　施工企业进行施工准备，编制施工计划和建安工作量统计，从而进行技术经济内部核算，其主要依据便是施工图预算。

第3节　电气工程施工图预算编制实例

1. 工程概况

（1）工程地址：该工程位于××市××区。

（2）结构类型：工程结构为现浇混凝土板楼，一楼一底建筑，层高3.2m，女儿墙0.9m高。

（3）进线方式：电源采用三相五线制，进户线管 G32 钢管，从−0.8m处暗敷至底层配电箱，钢管长 12m。

（4）配电箱安装在距地面1.8m处，开关插座安装在距地面1.4m处。配电箱的外形尺寸（高＋宽）为（500＋400)mm，型号为XMR-10。

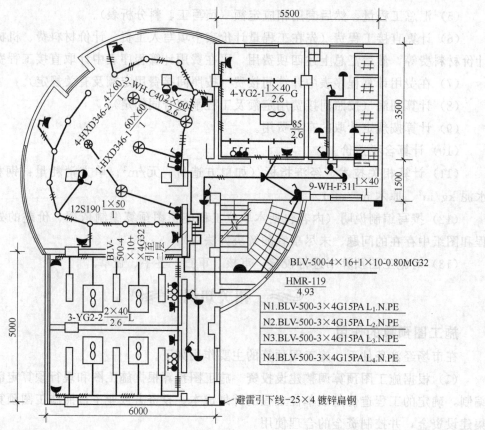

图 5-1　一、二层电气照明平面图 1：100（单位：mm）

（5）平面线路走向：均采用 BLV-500-2.5mm^2。两层建筑的平面图一样，详细尺寸见平面图 5-1。

（6）避雷引下线安装：—25×4 镀锌扁钢暗敷在抹灰层内，上端高出女儿墙0.15m。下端引出墙边 1.5m，埋深 0.8m。

2. 采用定额及取费标准

施工单位为××建筑公司，工程类别为三类。采用 2000 年《全国统一安装工程预算定额》和某市材料预算价格或部分双方认定的市场采购价格。

合同中规定不计远地施工增加费和施工队伍迁移费。

3. 编制方法

（1）在熟读图纸、施工方案以及有关技术、经济文件的基础上，计算工程量。注意从配电箱出线为 4mm^2，经过楼板后，使用接线盒，之后再改为 2.5mm^2 的导线。工程量计算表见表 5-1。

表 5-1　工程量计算表

单位工程名称：××建筑电气照明工程　　　　　　　　　　　　　　　　　共　页　第　页

序号	分项工程名称	单位	数量	计　算　式
1	进户管 G32	m	17.3	12（进户）+0.8（埋地）+1.8（一层）+（3.2-1.8-0.5+1.8）（一~二层）=17.3
2	N₁ 回路 G15	m	85	[1+（4.5+3+2+7+7+3+2+2）水平距离+（3.2-1.4）×6 垂直距离=42.3]×2（两层）
3	管内穿线 BLV-16mm^2	m	62	（12+0.8+1.8+0.5+0.4）×4
	管内穿线 10mm^2	m	26.3	（12+0.8+1.8+0.5+0.4）+（3.2-1.8-0.5+1.8）×4
	管内穿线 4mm^2	m	5.7	3.2-1.8-0.5+1.8+1×3
	管内穿线 2.5mm^2	m	279.8	{[4.5+3+7+（3.2-1.4）×6]×3+（2+7+3+2+2）×4=139.9}×2（两层）
4	N₂ 回路 G15	m	61.6	[1+（4+2+2+3+2+2+2+2）水平距离+（3.2-1.4）×6 垂直距离=30.8]×2（两层）
5	管内穿线 4mm^2	m	6	1×3×2（两层）
	管内穿线 2.5mm^2	m	202.8	{（2+2）×5+（2+2）×4+[4+3+2+2+（3.2-1.4）×6]×3=101.4}×2（两层）
6	N₃ 回路 G15	m	135.6	[1+（2+4+4+2+6+1+7+4.5+4+4+2.5+4+2）+（3.2-1.4）×11=67.8]×2（两层）
7	管内穿线 4mm^2	m	6	1×3×2（两层）
	管内穿线 2.5mm^2	m	400.8	{[2+4+4+2+6+1+7+4.5+4+4+2.5+4+2+（3.2-1.4）×11]×3=200.4}×2（两层）
8	N₂ 回路 G15	m	313.2	[1+（9+7+6+2）×5+2×5×4+（3.2-1.4）×12=156.6]×2（两层）
9	管内穿线 4mm^2	m	6	1×3×2（两层）
	管内穿线 2.5mm^2	m	457.6	{（9+7+6+4）×4+[（2×5+2×5）+（3.2-1.4）×12]×3=228.8}×2（两层）
10	接线盒 146H50	个	144	（插座盒 11+灯头盒 36+开关盒 25）×2=144
11	配电箱 XMR-10	台	2	1×2（两层）
12	吊风扇安装	台	10	5×2（两层）

序号	分项工程名称	单位	数量	计　算　式
13	双管日光灯	套	12	6×2（两层）
14	单管日光灯	套	8	4×2（两层）
15	半圆球吸顶灯	套	18	9×2（两层）
16	艺术灯安装（HXD346）	套	10	5×2（两层）
17	牛眼灯安装	套	24	12×2（两层）
18	单联暗开关	套	40	20×2（两层）
19	暗装插座	套	22	11×2（两层）
20	壁灯安装	套	4	2×2（两层）
21	调整开关安装	个	10	5×2（两层）
22	避雷引下线－25×4	m	18	9×2
23	预留线 BLV4mm²	m	3.6	(0.5+0.4)×4

（2）汇总工程量，见表 5-2。

表 5-2　工程量汇总表

单位工程名称：××建筑电气照明工程

序号	分项工程名称	单位	数量	备　注
1	照明配电箱安装	台	2	500×400×180
2	吊风扇安装	台	10	$L=1400$
3	调速开关安装	套	10	
4	成套双管日光灯安装	套	12	YG2-2
5	成套单管日光灯安装	套	8	YG2-1
6	半圆球吸顶灯安装	套	18	WH-F311
7	艺术吸顶花灯安装	套	10	HXD_{346}-1
8	壁灯安装	套	4	WH-C40
9	牛眼灯安装	套	24	S-190
10	单联暗开关安装	套	40	$YA86-DK_{11}$
11	接线盒、开关盒安装	个	144	$146H_{50}$
12	钢管暗敷 G32	m	17.3	
13	钢管暗敷 G15	m	595.4	
14	管内穿线 BLV-16mm²	m	62	
	管内穿线 BLV-10mm²	m	26.3	
	管内穿线 BLV-4mm²	m	23.7	
	管内穿线 BLV-2.5mm²	m	1341	
15	接地引下线扁钢－25×4 敷设	m	19	
16	接地系统试验	系统	1	
17	低压配电系统调试	系统	1	

（3）套用现行《全国统一安装工程预算定额》，进行工料分析，见表 5-3。

（4）各地区可结合建设部 44 号文件精神，按照相应计费程序表计算直接工程费以及各项费用（略）。

（5）写编制说明（略）。

（6）自校、填写封面、装订施工图预算书。

表 5-3　工程工料计价表

单位工程名称：××建筑电气照明工程

定额编号	分项工程名称及规格	工程量		单价				合价				未计价材料			
		定额单位	数量	合计	人工费	材料费	机械费	合计	人工费	材料费	机械费	损耗	数量	单价	合价
2-264	照明配电箱安装	台	2	76.19	41.8	34.39		152.38	83.6	68.78			2	650	1300
2-1702	吊风扇安装	台	10	13.73	9.98	3.75		137.3	99.8	37.5			10	180	1800
2-1705	吊扇调速开关安装	10套	1	80.77	69.66	11.11		80.77	69.66	11.11			10	5	150
2-1589	成套双管日光灯安装	10套	1.2	138.23	63.39	74.84		165.88	76.07	89.81		10.10	12.12	76.75	930.21
2-1591	成套单管日光灯安装	10套	0.8	120.8	50.39	70.41		96.64	40.31	56.33		10.10	8.08	47.45	383.40
	40W日光灯管	只											32	8	256
	法兰式吊链	m											60	3	180
2-1384	半圆球吸顶式灯安装	10套	1.8	170	50.16	119.84		306	90.29	215.71		10.10	18.18	45	818.10
2-1436	艺术吸顶花灯安装	10套	1	726.93	400.95	321.70	4.28	726.93	400.95	321.70	4.28	10.10	10.10	1400	14140
2-1393	壁灯安装	10套	0.4	154.67	46.90	107.77		61.87	18.76	43.11		10.10	4.04	150	606
2-1389	牛眼灯安装	10套	2.4	80.66	21.83	58.83		193.58	52.39	141.19		10.10	24.24	31	751.44
2-1637	板式单联暗开关安装	10套	4	24.21	19.74	4.47		96.84	78.96	17.88		10.20	40.8	5	204
2-1673	暗插座1.5A以下安装	10套	2.2	48.83	33.90	14.93		107.43	74.58	32.85		10.20	22.44	8	179.52
2-1378	暗装开关盒、插座盒	10个	7.2	21.12	11.15	9.97		152.06	80.28	71.78		10.20	73.44	2.50	183.6
2-1377	暗装接线盒安装	10个	7.2	31.99	10.45	21.54		230.33	75.24	155.09		10.20	73.44	3.20	235.0
2-1011	钢管暗敷 G32	100m	0.173	328.75	215.71	92.29	20.75	56.88	37.32	15.97	3.59	103	17.82	5.80	103.35
2-1008	钢管暗敷 G15	100m	5.95	208.98	156.73	39.77	12.48	1243.43	932.54	236.63	74.26	103	612.85	2.70	1655
2-1178	管内穿线 16mm²	100m	0.62	54.49	25.54	13.11		23.96	15.84	8.12		105	65.11	1.50	97.65
2-1170	管内穿线 4mm²	100m	0.24	21.76	16.25	5.51		5.22	3.9	1.32		110	26.4	0.5	13.2
2-1169	管内穿线 2.5mm²	100m	13.41	30.05	23.22	6.83		402.97	311.38	91.59		116	1555	0.4	622
2-744	避雷引下线—25×4	10m	1.9	10.6	4.18	3.57	2.85	20.14	7.94	6.78	5.42	10.5	19.95	0.6	11.97
2-886	接地装置调试	系统	1	488.84	232.2	4.64	252.0	488.84	232.2	4.64	252.0				
	交流低压配电系统调试	系统	1	403.04	232.2	4.64	166.2	403.04	232.2	4.46	166.2				
2-849	白炽灯泡60W												80	1.20	96
	白炽灯泡40W												30	1.00	30
	合计							3014.21	1632.63	505.75					24746

第6章
电气工程竣工结算与竣工决算

第1节 电气工程结算文件的组成

～◎ 要 点 ◎～

电气工程发承包双方依据约定的合同价款的确定和调整以及索赔等事项，对合同范围内部分完成、中止、竣工工程项目进行计算和确定工程价款的文件，称为工程结算。本节主要介绍电气工程结算文件的组成。

～◎ 解 释 ◎～

一、一般规定

（1）工程造价咨询企业和工程造价专业人员在进行结算编制和结算审查时，必须严格执行国家相关法律、法规和有关制度，拒绝任何一方违反法律、法规、社会公德，影响社会经济秩序和损害公共或他人利益的要求。

（2）工程造价咨询企业和工程造价专业人员在进行工程结算编制和工程结算审查时，应遵循发承包双方的合同约定，维护合同双方的合法权益。认真恪守职业道德、执业准则，依据有关职业标准公正、独立地开展工程造价咨询服务工作。

（3）工程造价咨询企业承担工程结算的编制与审查应以平等、自愿、公平和诚实信用的原则订立工程造价咨询服务合同。工程造价咨询企业应依据合同约定向委托方收取咨询费用，严禁向第三方收取费用。

（4）工程造价咨询企业和工程造价专业人员在进行结算编制和结算审查时，应依据工程造价咨询服务合同约定的工作范围和工作内容开展工作，严格履行合同义务，做好工作计划和工作组织，掌握工程建设期间政策和价款调整的有关因素，认真开展现场调研，全面、准确、客观地反映建设项目工程价款确定和调整的各项因素。

（5）工程造价咨询企业和工程造价专业人员承担工程结算编制时，严禁弄虚作假、高估冒算，提供虚假的工程结算报告。

（6）工程造价咨询企业和工程造价专业人员承担工程结算审查时，严禁滥用职权、营私舞弊、敷衍了事，提供虚假的工程结算审查报告。

（7）工程造价咨询企业承担工程结算编制业务，应严格履行合同，及时完成合同约定范围内的一切工作，其成果文件应得到委托人的认可。

（8）工程造价咨询企业承担工程结算审查，其成果文件一般应得到审查委托人、结算编制人和结算审查受托人以及建设单位共同认可，并签署"结算审定签署表"。确因非常原因不能共同签署时，工程造价咨询单位应单独出具成果文件，并承担相应法律责任。

（9）工程造价专业人员在进行工程结算审查时，应独立地开展工作，有权拒绝其他人员的修改和其他要求，并保留其意见。

（10）工程结算编制应采用书面形式，有电子文本要求的应一并报送与书面形式内容一致的电子版本。

（11）工程结算应严格按工程结算编制程序进行编制，做到程序化、规范化，结算资料必须完整。

（12）结算编制或审核委托人应与委托人在咨询服务委托合同内约定结算编制工作的所需时间，并在约定的期限内完成工程结算编制工作。合同未作约定或约定不明的，结算编制或审核受托人应以财政部、原建设部联合颁发的《建设工程价款结算暂行办法》（财建〔2004〕369号）第十四条有关结算期限规定为依据，在规定期限内完成结算编制或审查工作。结算编制或审查受委托人未在合同约定或规定期限内完成，且无正当理由延期的，应当承担违约责任。

二、结算编制文件组成

（1）工程结算文件一般应由封面、签署页、工程结算汇总表、单项工程结算汇总表、单位工程结算表和工程结算编制说明等组成。

（2）工程结算文件的封面应包括工程名称、编制单位等内容。工程造价咨询企业接受委托编制的工程结算文件应在编制单位上签署企业执业印章。

（3）工程结算文件的签署页应包括编制、审核、审定人员姓名及技术职称等内容，并应签署造价工程师或造价员执业或从业印章。

（4）工程结算汇总表、单项工程结算汇总表、单位工程结算表等内容应按《建设项目工程结算编审规程》规定的内容详细编制。

（5）工程结算编制说明可根据委托工程的实际情况，以单位工程、单项工程或建设项目为对象进行编制，并应说明以下内容：

①工程概况；②编制范围；③编制依据；④编制方法；⑤有关材料、设备、参数和费用说明；⑥其他有关问题的说明。

（6）工程结算文件提交时，受托人应当同时提供与工程结算相关的附件，包括所依据的发承包合同调价条款、设计变更、工程洽商、材料及设备定价单、调价后的单价分析表等与工程结算相关的其他书面证明材料。

三、结算审查文件组成

（1）工程结算审查文件一般由封面、签署页、工程结算审查报告、工程结算审定签署表、工程结算审查汇总对比表、单项工程结算审查汇总对比表、单位工程结算审查对比表等组成。

（2）工程结算审查文件的封面应包括工程名称、编制单位等内容。工程造价咨询企业接受委托编制的工程结算审查文件应在编制单位上签署企业执业印章。

（3）工程结算审查文件的签署页应包括编制、审核、审定人员姓名及技术职称等内容，并应签署造价工程师或造价员执业或从业印章。

（4）工程结算审查报告可根据该委托工程项目的实际情况，以单位工程、单项工程或建设项目为对象进行编制，并应说明以下内容：

① 概述；②审查范围；③审查原则；④审查依据；⑤审查方法；⑥审查程序；⑦审查结果；⑧主要问题；⑨有关建议。

（5）工程结算审定结果签署表由结算审查受托人编制，并由结算审查委托人、结算编制人和结算审查受托人签字盖章，当结算编制委托人与建设单位不一致时，按工程造价咨询合同要求或结算审查委托人的要求在结算审定签署表上签字盖章。

（6）工程结算审查汇总对比表、单项工程结算审查汇总对比表、单位工程结算审查对比表等内容应按本规程第 5 章规定的内容详细编制。

相关知识

工程结算审查书参考格式

（1）工程结算审查书封面格式见表 6-1。

表 6-1　工程结算审查书封面格式

（工程名称） **工程结算审查书**   档案号：   （编制单位名称） **（工程造价咨询单位执业章）** 年　　月　　日

（2）工程结算审查书签署页格式见表 6-2。

表 6-2　工程结算审查书签署页格式

（工程名称）

工程结算审查书

档案号：

编制人：＿＿＿＿＿＿＿［执业（从业）印章］＿＿＿＿＿＿＿

审核人：＿＿＿＿＿＿＿［执业（从业）印章］＿＿＿＿＿＿＿

审定人：＿＿＿＿＿＿＿［执业（从业）印章］＿＿＿＿＿＿＿

单位负责人：＿＿＿＿＿＿＿＿＿＿＿＿＿＿＿＿＿＿＿＿

（3）工程结算审查报告需包括下列内容：①概述；②审查范围；③审查原则；④审查依据；⑤审查方法；⑥审查程序；⑦审查结果；⑧主要问题；⑨有关建议。

（4）结算审定签署表格式见表 6-3。

表 6-3　结算审定签署表

金额单位：　元

工程名称		工程地址		
发包人单位		承包人单位		
委托合同书编号		审定日期		
报审结算造价		调整金额（＋、一）		
审定结算造价	大写		小写	
委托单位 （签章）	建设单位 （签章）	承包单位 （签章）	审查单位 （签章）	
代表人（签章、字）	代表人（签章、字）	代表人（签章、字）	代表人（签章、字） 技术负责人（执业章）	

（5）工程结算审查汇总对比表格式见表 6-4。

表 6-4　工程结算审查汇总对比表

项目名称：　　　　　　　　　　　　　　　　　　　　　　　　　　　金额单位：　　元

序号	单项工程名称	报审结算金额	审定结算金额	调整金额	备注
	合计				

编制人：　　　　　　　　审核人：　　　　　　　　审定人：

（6）单项工程结算审查汇总对比表格式见表 6-5。

表 6-5　单项工程结算审查汇总对比表

单项工程名称：　　　　　　　　　　　　　　　　　　　　　　　　　金额单位：　　元

序号	单位工程名称	原结算金额	审查后金额	调整金额	备注
	合计				

编制人：　　　　　　　　审核人：　　　　　　　　审定人：

（7）单位工程结算审查汇总对比表格式见表 6-6。

表 6-6　单位工程结算审查汇总对比表

单位工程名称：　　　　　　　　　　　　　　　　　　　　　　　　　金额单位：　　元

序号	专业工程名称	原结算金额	审查后金额	调整金额	备注
1	分部分项工程费合计				
2	措施项目费合计				
3	其他项目费合计				
4	零星工作费合计				
	合计				

编制人：　　　　　　　　审核人：　　　　　　　　审定人：

（8）分部分项工程结算审查汇总对比表格式见表 6-7。

表 6-7　分部分项（措施、其他、零星）工程结算审查对比表

分部分项（措施、其他、零星）工程名称：　　　　　　　　　　　　　　　　金额单位：　元

序号	项目名称	结算报审金额					结算审定金额					调整金额	备注
		项目编码或定额号	单位	数量	单价	合价	项目编码或定额号	单位	数量	单价	合价		
	合计												

编制人：　　　　　　　　审核人：　　　　　　　　审定人：

第 2 节　电气工程竣工结算的编制与审查

✑ 要 点 ✑

竣工结算是由施工企业按照合同规定的内容全部完成所承包的工程，经建设单位及相关单位验收质量合格，并符合合同要求之后，在交付生产或使用前，由施工单位根据合同价格和实际发生的费用增减变化（变更、签证、洽商等）情况进行编制，并经发包方或委托方签字确认的，正确反映该项工程最终实际造价，并作为向发包单位进行最终结算工程款的经济条件。

✑ 解 释 ✑

一、竣工结算的编制原则

工程项目竣工结算既要正确贯彻执行国家和地方基建部门的政策和规定，又要准确反映施工企业完成的工程价值。在进行工程结算时，要遵循以下原则。

（1）必须具备竣工结算的条件，要有工程验收报告，对于未完工程，质量不合格的工程、不能结算；需要返工重做的，应返工修补合格后，才能结算。

（2）严格执行国家和地区的各项有关规定。

（3）实事求是，认真履行合同条款。

（4）编制依据充分，审核和审定手续完备。

（5）竣工结算要本着对国家、建设单位、施工单位认真负责的精神，做到既合理又合法。

二、竣工结算的编制依据

（1）工程竣工报告、工程竣工验收证明、图纸会审记录、设计变更通知单及竣工图。

（2）经审批的施工图预算、购料凭证、材料代用价差、施工合同。

（3）本地区现行预算定额、费用定额、材料预算价格及各种收费标准、双方有关工程计价协定。

（4）各种技术资料（技术核定单、隐蔽工程记录、停复工报告等）及现场签证记录。

（5）不可抗力、不可预见费用的记录以及其他有关文件规定。

三、竣工结算的编制方法

（1）合同价格包干法　在考虑了工程造价动态变化的因素后，合同价格一次包死，项目的合同价就是竣工结算造价。即：

$$结算工程造价＝经发包方审定后确定的施工图预算造价×（1＋包干系数） \qquad (6\text{-}1)$$

（2）合同价增减法　在签订合同时商定合同价格，但没有包死，结算时以合同价为基础，按实际情况进行增减结算。

（3）预算签证法　按双方审定的施工图预算签订合同，凡在施工过程中经双方签字同意的凭证都作为结算的依据，结算时以预算价为基础按所签凭证内容调整。

（4）竣工图计算法　结算时根据竣工图、竣工技术资料、预算定额，按照施工图预算编制方法，全部重新计算，得出结算工程造价。

（5）平方米造价包干法　双方根据一定的工程资料，事先协商好每平方米造价指标，结算时以平方米造价指标乘以建筑面积确定应付的工程价款。即：

$$结算工程造价＝建筑面积×每平方米造价指标 \qquad (6\text{-}2)$$

（6）工程量清单计价法　以业主与承包方之间的工程量清单报价为依据，进行工程结算。办理工程价款竣工结算的一般公式为：

$$竣工结算工程价款＝预算（或概算）或合同价款＋施工过程中预算或合同$$
$$价款调整数额－预付及已结算的工程价款－未扣的保修金$$

$$(6\text{-}3)$$

四、竣工结算的审查

（1）自审：竣工结算初稿编定后，施工单位内部先组织审查、校核。

（2）建设单位审查：施工单位自审后编印成正式结算书送交建设单位审查，建设单位也可委托有关部门批准的工程造价咨询单位审查。

（3）造价管理部门审查：甲乙双方有争议且协商无效时，可以提请造价管理部门裁决。

各方对竣工结算进行审查的具体内容包括：核对合同条款；检查隐蔽工程验收记录；落实设计变更签证；按图核实工程数量；严格按合同约定计价；注意各项费用计

取；防止各种计算误差。

〜〜　相关知识　〜〜

竣工结算的作用

（1）工程竣工结算可作为考核业主投资效果，核定新增固定资产价值的依据。

（2）工程竣工结算可作为双方统计部门确定建设工作量和实物量完成情况的依据。

（3）工程竣工结算可作为造价部门经建设银行终审定案，确定工程最终造价，实现双方合同约定的责任依据。

（4）工程竣工结算可作为承包商确定最终收入，进行经济核算，考核工程成本的依据。

第3节　电气工程竣工决算

〜〜　要　点　〜〜

建设工程项目竣工决算是指建设工程项目竣工后，按照国家有关规定，由建设单位报告项目建设成果和财务状况的总结性文件，是考核其投资效果的依据，也是办理交付、动用、验收的依据。

〜〜　解　释　〜〜

一、竣工决算的编制依据

建设工程项目竣工决算的编制依据包括以下几个方面。

（1）建设工程项目计划任务书、可行性研究报告、投资估算书、初步设计或扩大初步设计及其批复文件。

（2）建设工程项目总概算书、修正概算，单项工程综合概算书。

（3）经批准的施工图预算或标底造价、承包合同、工程结算等有关资料。

（4）建设工程项目图纸及说明，设计交底和图纸会审记录。

（5）历年基建资料、历年财务决算及批复文件。

（6）设计变更记录、施工记录或施工签证单及其他施工发生的费用记录。

（7）设备、材料调价文件和调价记录。

（8）竣工图及各种竣工验收资料。

（9）国家和地方主管部门颁发的有关建设工程项目竣工决算的文件。

（10）其他有关资料。

二、竣工决算的编制要求

为了严格执行建设工程项目竣工验收制度，正确核定新增固定资产价值，考核分析投资效果，建立健全经济责任制，所有新建、扩建和改建等建设工程项目竣工后，都应及时、完整、正确地编制好竣工决算。建设单位要做好以下工作。

（1）按照规定及时组织竣工验收，保证竣工决算的及时性。

（2）积累、整理竣工项目资料，特别是项目的造价资料，保证竣工决算的完整性。

（3）清理、核对各项账目，保证竣工决算的正确性。

按照规定，竣工决算应在竣工项目办理验收交付手续后一个月内编好，并上报主管部门。有关财务成本部分，还应送经办银行审查签证。主管部门和财政部门对报送的竣工决算审批后，建设单位即可办理决算调整和结束有关工作。

三、竣工决算的编制步骤（图 6-1）

图 6-1　竣工决算的编制步骤

（1）收集、整理和分析有关依据资料　在编制竣工决算文件之前，要系统地整理所有的技术资料、工程结算的经济文件、施工图纸和各种变更与签证资料，并分析它们的准确性。完整、齐全的资料，是准确而迅速编制竣工决算的必要条件。

（2）清理各项财务、债务和结余物资　在收集、整理和分析有关资料中，要特别注意建设工程项目从筹建到竣工投产或使用的全部费用的各项财务、债权和债务的清理，做到工程完毕账目清晰，既要核对账目，又要查点库有实物的数量，做到账与物相等，账与账相符，对结余的各种材料、工器具和设备，要逐项清点核实，妥善管理，并按规定及时处理，收回资金。对各种往来款项要及时进行全面清理，为编制竣工决算提供准确的数据和结果。

（3）填写竣工决算报表　按照建设工程项目决算表格中的内容，根据编制依据中的有关资料进行统计或计算各个项目和数量，并将其结果填到相应表格的栏目内，完成所有报表的填写。

（4）编制建设工程项目竣工决算说明　按照建设工程项目竣工决算说明的内容要求，根据编制依据材料填写报表，编写文字说明。

（5）做好工程造价对比分析

（6）清理、装订好竣工图

（7）上报主管部门审查

上述编写的文字说明和填写的表格经核对无误后，将其装订成册，即为建设工程项目竣工决算文件。将其上报主管部门审查，并把其中财务成本部分送交开户银行签证。竣工决算在上报主管部门的同时，抄送有关设计单位。大、中型建设工程项目的竣工决算还应抄送财政部、建设银行总行和省、市、自治区的财政局和建设银行分行各一份。建设工程项目竣工决算的文件，由建设单位负责组织人员编写，在竣工建设工程项目办理验收使用一个月之内完成。

相关知识

竣工结算与竣工决算的关系

建设工程项目竣工决算是以工程竣工结算为基础进行编制的，是在整个建设工程项目各单项工程竣工结算的基础上，加上从筹建开始到工程全部竣工有关基本建设的其他工程费用支出，构成了建设工程项目竣工决算的主体。它们的主要区别见表 6-8。

表 6-8　竣工结算与竣工决算比较

项目	竣工结算	竣工决算
含义	竣工结算是由施工单位根据合同价格和实际发生的费用的增减变化情况进行编制，并经发包方或委托方签字确认的，正确反映该项工程最终实际造价，并作为向发包单位进行最终结算工程款的经济文件	建设工程项目竣工决算是指所有建设工程项目竣工后，建设单位按照国家有关规定，由建设单位报告项目建设成果和财务状况的总结性文件
特点	属于工程款结算，因此是一项经济活动	反映竣工项目从筹建开始到项目竣工交付使用为止的全部建设费用、建设成果和财务情况的总结性文件
编制单位	施工单位	建设单位
编制范围	单位或单项工程竣工结算	整个建设工程项目全部竣工决算

第7章
电气工程施工招标与投标

第1节　工程招投标概述

≈≈　要　点　≈≈

建设工程项目招投标是运用于建筑项目交易的一种方式。它的特点由固定买主设定包括以商品质量、价格、工期为主的标的，邀请若干卖主通过秘密报价竞标，由买主选择优胜者后，与其达成交易协议，签订工程承包合同，然后按合同实现标的的竞争过程。本节主要介绍建设工程项目招投标的分类、性质、范围与方式。

≈≈　解　释　≈≈

一、建设工程项目招投标的分类

建设工程项目招投标可分为建设工程项目总承包招投标、工程勘察招投标、工程设计招投标、工程施工招投标、工程监理招投标、工程材料设备招投标。

(1) 建设工程项目总承包招投标　又称建设工程项目全过程招投标，在国外也称之为"交钥匙"工程招投标。它指的是在项目决策阶段从项目建议书开始，包括可行性研究、勘察设计、设备材料询价与采购、工程施工、生产准备，直至竣工投产、交付使用全面实行招标。

工程总承包企业根据建设单位所提出的工程要求，对项目建议书、可行性研究、勘察设计、设备询价与选购、材料订货、工程施工、职工培训、试生产、竣工投产等实行全面投标报价。

(2) 工程勘察招投标　指招标人就拟建工程项目的勘察任务发布通告，以法定方式吸引勘察单位参加竞争，经招标人审查获得投标资格的勘察单位按照招标文件的要求，在规定时间内向招标人填报投标书，招标人从中选择优越者完成勘察任务。

(3) 工程设计招投标　指招标人就拟建工程项目的设计任务发布通告，以吸引设计单位参加竞争，经招标人审查获得投标资格的设计单位按照招标文件的要求，在规定的时间内向招标人填报标书，招标人择优选定中标单位来完成设计任务。设计招标一般是设计方案招标。

(4) 工程项目施工招投标　指招标人就拟建的工程项目发布通告，以法定方式吸引建筑施工企业参加竞争，招标人从中选择优越者完成建筑施工任务。施工招标可分为全部工程招标、单项工程招标和专业工程招标。

(5) 工程监理招投标　指招标人就拟建工程项目的监督任务发布通告，以法定方式吸引工程监理单位参加竞争，招标人从中选择优越者完成监理任务。

(6) 工程材料设备招投标　指招标人就拟购买的材料设备发布通告或邀请，以法定方式吸引材料设备供应商参加竞争，招标人从中选择优越者的法律行为。

二、建设工程项目招投标的性质

我国法学界通常认为，建设工程项目招标是要约邀请，而投标是要约，中标通知书是承诺。《中华人民共和国合同法》也明确规定，招标公告是要约邀请。换句话说招标实际上是邀请投标人对招标人提出要约（即报价），属于要约邀请。投标则是一种要约，它符合要约的所有要件，如具有缔结合同的目的；一旦中标，投标人将受投标书的约束；投标书的内容具有足以使合同成立的主要条款等。招标人向中标的投标人发出中标通知书，则是招标人同意接受中标人的投标条件，即同意接受该投标人要约的意思表示，应属于承诺。

三、建设工程项目招投标的范围与方式

1. 建设工程项目招投标的范围

《中华人民共和国招标投标法》指出，凡在中华人民共和国境内进行下列工程建设项目，包括项目的勘察、设计、施工、监理以及与工程建设有关的重要设备、材料等的采购，必须进行招标。

(1) 大型基础设施、公用事业等关系社会公共利益、公众安全的项目。

(2) 全部或者部分使用国有资金投资或者国家融资的项目。

(3) 使用国际组织或者外国政府贷款、援助资金的项目。

2. 建设工程项目招投标的方式

(1) 公开招标　又称为无限竞争招标，是由招标单位通过报刊、广播、电视等方式发布招标广告，有意的承包商均可参加资格审查，合格的承包商可购买招标文件，参加投标的招标方式。

公开招标的优点是：投标的承包商多、范围广、竞争激烈，业主有较大的选择余地，有利于降低工程造价，提高工程质量和缩短工期。缺点是：由于投标的承包商多；招标工作量大，组织工作复杂，需投入较多的人力、物力，招标过程所需时间较长。

公开招标方式主要用于政府投资项目或投资额度大，工艺、结构复杂的较大型工程建设工程项目。

(2) 邀请招标　又称为有限竞争性招标。这种方式不发布广告，业主根据自己的经

验和所掌握的信息资料，向有承担该项工程施工能力的三个以上（含三个）承包商发出招标邀请书，收到邀请书的单位才有资格参加投标。

邀请招标的优点是：目标集中，招标的组织工作较容易，工作量比较小。缺点是：由于参加的投标单位较少，竞争性较差，使招标单位对投标单位的选择余地较少，如果招标单位在选择邀请单位前所掌握信息资料不足，则会失去发现最适合承担该项目承包商的机会。

无论公开招标还是邀请招标都必须按规定的招标程序完成，一般是事先制订统一的招标文件，投标均按招标文件的规定进行。

相关知识

建设工程项目招投标的基本原则

建设工程项目招投标的基本原则：公开原则、公平原则、公正原则、诚实信用原则。

（1）公开原则　是指有关招投标的法律、政策、程序和招标投标活动都要公开，即招标前发布公告，公开发售招标文件。公开开标，中标后公开中标结果，使每个投标人拥有同样的信息、同等的竞争机会和获得中标的权利。

（2）公平原则　是指所有参加竞争的投标人机会均等，并受到同等待遇。

（3）公正原则　是指在招标投标的立法、管理和进行过程中，立法者应制定法律，司法者和管理者按照法律和规则公正地执行法律和规则，对一切被监管者给予公正待遇。

（4）诚实信用原则　是指民事主体在从事民事活动时，应诚实守信，以善意的方式履行其义务，在招投标活动中体现为购买者、中标者在依法进行采购和招投标活动中要有良好的信用。

第2节　电气工程施工招标

要　点

施工招标是指招标人（或招标单位）在发包建设工程项目之前，以公告或邀请书的方式提出招标项目的有关要求，公布招标条件，投标人（或投标单位）根据招标人的意图和要求提出报价，择日当场开标，以便从中择优选定中标人的一种交易行为。

解　释

一、施工招标单位应具备的条件

施工招标单位组织招标应具备下列条件。

（1）是法人或依法成立的其他组织。

（2）有与招标工程相适应的经济、技术管理人员。

（3）有组织编写招标文件的能力。

（4）有审查投标单位资质的能力。

（5）有组织开标、评标、定标的能力。

不具备上述条件的建设单位，需委托具有相应资质的中介机构代理招标，建设单位与中介机构签订委托代理招标的协议，并报招标管理机构备案。

二、施工招标文件

《中华人民共和国招标投标法》规定，招标人应当根据招标项目的特点和需要编制招标文件。招标文件应当包括招标项目的技术要求、对投标人资格审查的标准、投标报价要求和评标标准等所有实质性要求和条件以及拟签订合同的主要条款。国家对招标项目的技术、标准有规定的，招标人应当按照其规定在招标文件中提出相应要求。

1. 施工招标应具备的条件

（1）概算已经被批准，建设工程项目已正式列入国家、部门或地方的年度固定资产投资计划。

（2）按照国家规定需要履行项目审批手续的，已经履行审批手续。

（3）建设用地的征用工作已经完成。

（4）工程资金或者资金来源已经落实。

（5）有满足施工招标需要的设计文件及其他技术资料。

（6）已经建设工程项目所在地规划部门批准，施工现场的"三通一平"已经完成或一并列入施工招标范围。

（7）法律、法规、规章规定的其他条件。

2. 施工招标文件应包括的内容

（1）投标须知。

（2）招标工程的技术要求和设计文件。

（3）采用工程量清单招标的，应当提供工程量清单。

（4）投标函的格式及附录。

（5）拟签合同的主要条款。

（6）要求投标人提交的其他资料。

3. 招标文件的发售与修改

招标文件一般发售给通过资格预审、获得投标资格的投标人。投标人购买招标文件的费用不论中标与否，都不退还。招标人提供给投标人编制投标书的设计文件可以酌情收取一定的押金，开标后投标人将设计文件退还的，招标人应当退还押金。

招标人对已发出的招标文件进行必要的澄清或修改的，应当在招标文件要求提交投标文件截止时间至少 15 日前，以书面形式通知所有招标文件收受人。该澄清或者修改的内容作为招标文件的组成部分。

三、施工招标程序

施工招标可以分为公开招标与邀请招标，不同的招标方式，具有不同的工作内容，其程序也不尽相同。

1. 公开招标程序

(1) 建设工程项目报建　根据《工程建设项目报建管理办法》的规定,凡在我国境内投资兴建的建设工程项目,都必须实行报建制度,接受当地建设行政主管部门的监督管理。

建设工程项目报建,是建设单位招标活动的前提,报建范围包括:各类房屋建筑工程(包括新建、改建、扩建、翻修等)、土木工程(包括道路、桥梁、基础打桩等)、设备安装、管道线路铺设和装修等建设工程项目。报建的内容主要包括:工程名称、建设地点、投资规模、工程规模、发包方式、计划开竣工日期和工程筹建情况。

在建设工程项目的立项批准文件或投资计划下达后,建设单位根据《工程建设项目报建管理办法》规定的要求进行报建,并由建设行政主管部门审批。具备招标条件的,方可开始办理建设单位资质审查。

(2) 审查建设单位资质　指政府招标管理机构审查建设单位是否具备施工招标条件。不具备有关条件的建设单位,需委托具有相应资质的中介机构代理招标,建设单位与中介机构签订委托代理招标的协议,并报招标管理机构备案。

(3) 招标申请　指由招标单位填写"工程建设项目招标申请表",并经上级主管部门批准后,连同"工程建设项目报建审查登记表"一起报招标管理机构审批。

申请表的内容主要包括:工程名称、建设地点、招标建设规模、结构类型、招标范围、招标方式、要求施工企业等级、施工前期准备情况(土地征用、拆迁情况、勘察设计情况、施工现场条件等)、招标机构组织情况。

(4) 资格预审文件与招标文件的编制、送审　资格预审文件是指公开招标时,招标人要求对投标的施工单位进行资格预审,只有通过资格预审的施工单位才可以参加投标。资格预审文件和招标文件都必须经过招标管理机构审查,审查同意后方可刊登资格预审通告、招标通告。

(5) 刊登资格预审通告、招标通告　公开招标可通过报刊、广播、电视等或信息网上发布"资格预审通告"或"招标通告"。

(6) 资格预审　指招标人按资格预审文件的要求,对申请资格预审的潜在投标人送交填报的资格预审文件和资料进行评比分析,确定出合格的投标人名单,并报招标管理机构核准。

(7) 发放招标文件　指招标人将招标文件、图纸和有关技术资料发放给通过资格预审获得投标资格的投标单位。投标单位收到招标文件、图纸和有关资料后,应认真核对。核对无误后,应以书面形式予以确认。

(8) 勘察现场　招标单位组织通过资格预审的投标单位勘察现场,目的在于了解工程场地和周围环境情况,以获取投标单位认为有必要的信息。

(9) 投标预备会　投标预备会由招标单位组织建设单位、设计单位、施工单位参加。目的在于澄清招标文件中的疑问,解答投标单位对招标文件和勘察现场中所提出的疑问和问题。

(10) 工程标底的编制与送审　施工招标可编制标底,也可不编制。如果编制标底,当招标文件的商务条款一经确定，即可进入编制。标底编制完后应将必要的资料报送招标管理机构审定。若不编制标底，一般用投标单位报价的平均值作为评标价或者实行合理低价中标。

（11）投标文件的接收　投标单位根据招标文件的要求，编制投标文件，并进行密封和标识，在投标截止时间前按规定的地点递交至招标单位。招标单位接收投标文件并将其秘密封存。

（12）开标　在投标截止的同一时间，按招标文件规定的时间、地点，在投标单位法定代表人或授权代理人在场的情况下举行开标会议，按规定的议程进行开标。

（13）评标　由招标代理、建设单位上级主管部门协商，按有关规定成立评标委员会，在招标管理机构监督下，依据评标原则、评标方法，对投标单位报价、工期、质量、施工方案或施工组织设计、以往业绩、社会信誉、优惠条件等方面进行综合评价，公正合理地择优选择中标单位。

（14）定标　中标单位选定后，由招标管理机构核准，获准后招标单位向中标单位发出"中标通知书"。

（15）合同签订　投标人与中标人自中标通知书发出之日起30天内，按招标文件和中标人投标文件的有关内容签订书面合同。公开招标的完整程序见图7-1。

2. 邀请招标程序

邀请招标是指招标单位直接向适宜本工程施工的单位发出邀请，其程序与公开招标大同小异。其不同点主要是没有资格预审的环节，但增加了发出投标邀请书的环节。

这时所说的投标邀请书，是指招标单位直接向具有承担本工程能力的施工单位发出的投标邀请书。按照《中华人民共和国招标投标法》规定，被邀请投标的单位不得少于三家。

邀请招标的完整程序见图7-2。

3. 开标与评标

在施工招投标中，开标、评标是招标程序中极为重要的环节。只有做出客观公正的评标，才能最终正确地选择最优秀最合适的承包商。《中华人民共和国招标投标法》规定，开标应当在招标文件确定的提交投标文件截止时间的同一时间公开进行；开标地点应当为招标文件中预先确定的地点。开标由招标人主持，邀请所有投标人参加。开标时，由投标人或者推选的代表检查投标文件的密封情况，也可以由招标人委托的公证机构检查并公证；经确认无误后，由工作人员当众拆封，宣读投标人名称、投标价格和投标文件的其他主要内容。招标人在招标文件要求提交投标文件的截止时间前收到的所有投标文件，开标时都应该当众予以拆封、宣读。开标过程应当记录，并存档备查。

（1）开标

① 开标应当在投标截止时间后，按照招标文件规定的时间和地点公开进行。已建立建设工程项目交易中心的地方，开标应当在建设工程项目交易中心举行。

② 开标由招标单位主持，并邀请所有投标单位的法定代表人或者其代理人和评标委员会全体成员参加。建设行政主管部门及其工程招标投标监督管理机构依法实施监督。

③ 开标一般程序

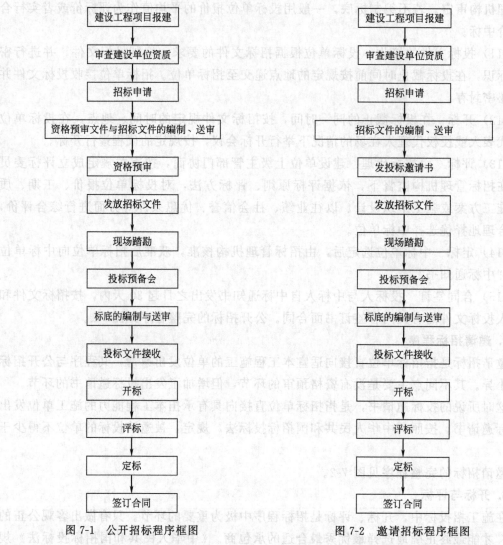

图 7-1 公开招标程序框图　　　图 7-2 邀请招标程序框图

a. 主持人宣布开标会议开始,介绍参加开标会议的单位、人员名单及工程项目的有关情况。

b. 请投标单位代表确认投标文件的密封性。

c. 宣布公证、唱标、记录人员名单和招标文件规定的评标原则、定标办法。

d. 宣读投标单位的名称、投标报价、工期、质量目标、主要材料用量、投标担保或保函以及投标文件的修改、撤回等情况,并做好现场记录。

e. 与会的投标单位法定代表人或者其代理人在记录上签字,确认开标结果。

f. 宣布开标会议结束,进入评标阶段。

④ 投标文件有下列情形之一的,应当在开标时当场宣布无效。

a. 未加密封或者逾期送达的。

b. 无投标单位及其法定代表人或者其代理人印鉴的。

c. 关键内容不全、字迹辨认不清或者明显不符合招标文件要求的。

无效投标文件，不得进入评标阶段。

⑤ 对于编制标底的工程，招标单位可以规定在标底上下浮动一定范围内的投标报价为有效，并在招标文件中写明。在开标时，如果仅有少于三家的投标报价符合规定的浮动范围，招标单位可以采用加权平均的方法修订规定，或者宣布实行合理低价中标，或者重新组织招标。

（2）评标　根据《中华人民共和国招标投标法》规定，评标应由招标人依法组建的评标委员会负责。评标的目的是根据招标文件确定的标准和方法，对每个投标人的标书进行评审和比较，从中选出最优的投标人。

① 评标的原则以及保密性和独立性。评标是招投标过程中的核心环节。评标活动应遵循公平、公正、科学、择优的原则，保证评标在严格保密的情况下进行。并确保评标委员会在评标过程中的独立性。

② 评标委员会的组建。评标委员会由招标人或其委托的招标代理机构熟悉相关业务的代表，以及有关技术、经济等方面的专家组成，成员人数为 5 人以上的单数，其中技术、经济等方面的专家不得少于成员总数的 2/3。评标委员会的专家成员应当从省级以上人民政府有关部门提供的专家名册或者招标代理机构专家库内的相关专家名单中确定。评标委员会成员名单一般应于开标前确定，而且该名单在中标结果确定前应当保密，任何单位和个人都不得非法干预、影响评标过程和结果。评标委员会由招标人负责组建，评标委员会负责评标活动，向招标人推荐中标候选人或者根据招标人的授权直接确定中标人。

③ 评标的程序。评标可以按两段三审进行，两段指初步评审和详细评审，三审指符合性评审、技术性评审和商务性评审。

④ 评标的方法。评标的方法有经评审的最低投标价法和综合评议法。具体评标方法由招标单位决定，并在招标文件中载明。

a. 经评审的最低投标价法。经评审的最低投标价法是指能够满足招标文件的实质性要求，并且经评审的最低投标价的投标，应当推荐为中标候选人。这种评标方法是按照评审程序，经初审后，以合理低标价作为中标的主要条件。一般适用于具有通用技术、性能标准或者招标人对其技术、性能没有特殊要求的招标项目。采用经评审的最低投标价法的，评标委员会应当根据招标文件中规定的评标价格调整方法，对所有投标人的投标报价以及投标文件的商务部分作必要的价格调整。

b. 综合评议法。不宜采用经评审的最低投标价法的招标项目，一般应当采取综合评议法进行评审。根据综合评议法，最大限度地满足招标文件中规定的各项综合评价标准的投标，应当推荐为中标候选人。在综合评议法中，最常用的方法是百分法。

⑤ 评标报告。评标委员会应当编制评标报告。评标报告通常包括下列主要内容。

a. 招标情况，包括工程概况、招标范围和招标的主要过程。

b. 开标情况，包括开标的时间、地点、参加开标会议的单位和人员，以及唱标等情况。

c. 评标情况，包括评标委员会的组成人员名单，评标的方法、内容和依据，对各投标文件的分析论证及评审意见。

d. 对投标单位的评标结果排序，并提出中标候选人的推荐名单。

评标报告需经评标委员会全体成员签字确认。

4. 中标

（1）中标单位的选择　招标单位应当依据评标委员会的评标报告，并从其推荐的中标候选人名单中确定中标单位，也可以授权评标委员会直接选定中标单位。

实行合理低标价法评标的，在满足招标文件各项要求的前提下，投标报价最低的投标单位应当为中标单位，但评标委员会可以要求其对保证工程质量、降低工程成本拟采用的技术措施做出说明，并据此提出评价意见，供招标单位定标时参考。实行综合评议法，得票最多或者得分最高的投标单位应当为中标单位。

招标单位未按照推荐的中标候选人排序确定中标单位的，应当在其招标投标情况的书面报告中说明理由。

（2）定标　在评标委员会提交评标报告后，招标单位应当在招标文件规定的时间内完成定标。定标后，招标单位需向中标单位发出《中标通知书》，并同时将中标结果通知所有未中标的投标人。《中标通知书》的实质内容应当与中标单位投标文件的内容相一致。

自《中标通知书》发出之日 30 日内，招标单位应当与中标单位签订合同，合同价应当与中标价相一致，合同的其他主要条款应当与招标文件、《中标通知书》相一致。订立书面合同后的 7 日内，中标人应当将合同报送县级以上工程所在地的建设行政主管部门备案。

招标人与中标人签订合同后 5 个工作日内，应当向中标人和未中标的投标人退还投标保证金。中标人应当按照合同约定履行义务，完成中标项目。

中标后，除不可抗力外，中标单位拒绝与招标单位签订合同的，招标单位可以不退还其投标保证金，并可以要求赔偿相应的损失；招标单位拒绝与中标单位签订合同的，应当双倍返还其投标保证金，并赔偿相应的损失。

中标单位与招标单位签订合同时，应当按照招标文件的要求，向招标单位提供履约保证。履约保证可以采用银行履约保函（一般为合同价的 5%～10%），或者其他担保方式（一般为合同价的 10%～20%）。招标单位应当向中标单位提供工程款支付担保。

相关知识

工程招标投标的意义

（1）有利于建设市场的法制化、规范化　从法律意义上说，工程建设招标投标是招标、投标双方按照法定程序进行交易的法律行为，所以双方的行为都受法律的约束。这就意味着建设市场在招标投标活动的推动下将更趋理性化、法制化和规范化。

（2）形成市场定价的机制，使工程造价更趋合理　招标投标活动最明显的特点是投标人之间的竞争，而其中最集中、最激烈的竞争则表现为价格的竞争。价格的竞争最终导致工程造价趋于合理的水平。

（3）促进建设活动中劳动消耗水平的降低，使工程造价得到有效的控制　在建设市场中，不同的投标人其劳动消耗水平是不一样的。但为了竞争招标项目，在市场中取胜，降低劳动消耗水平就成了市场取胜的重要途径。当这一途径为大家所重视，必然要努力提高自身的劳动生产率，降低个别劳动消耗水平，进而导致整个工程建设领域劳动生产率的提高、平均劳动消耗水平下降，使得工程造价得到控制。

（4）有力地遏制建设领域的腐败，使工程造价趋向科学　工程建设领域在许多国家被认为是腐败行为多发区、重灾区。我国在招标投标中采取设立专门机构对招标投标活动进行监督管理，从专家人才库中选取专家进行评标的方法，使工程建设项目承发包活动变得公开、公平、公正，可有效地减少暗箱操作、徇私舞弊行为，有力地遏制行贿受贿等腐败现象的产生，使工程造价的确定更趋科学、更加符合其价值。

（5）促进了技术进步和管理水平的提高，有助于保证工程质量、缩短工期　投标竞争中表现最激烈的虽然是价格的竞争，而实质上是人员素质、技术装备、技术水平、管理水平的全面竞争。投标人要在竞争中获胜，就必须在报价、技术、实力、业绩等诸多方面展现出优势。所以，竞争迫使竞争者都必须加大自己的投入，采用新材料、新技术、新工艺，加强企业和项目管理，因而促进了全行业的技术进步和管理水平的提高，进而使我国工程建设项目质量普遍得到提高，工期普遍得以合理缩短。

第 3 节　电气工程施工投标

要 点

施工投标是指具有合法资格和能力的投标人（或投标单位）根据招标条件，经过初步研究和估算，在指定期限内填写标书，根据实际情况提出自己的报价，通过竞争企图为招标人选中，并等待开标，决定能否中标的一种交易行为。

解 释

一、施工投标单位应具备的基本条件

（1）投标人应当具备与投标项目相适应的技术力量、机械设备、人员、资金等方面的能力，具有承担该招标项目能力。

（2）具有招标条件要求的资质等级，并为独立的法人单位。

（3）承担过类似项目的相关工作，并有良好的工作业绩与履约记录。

（4）企业财产状况良好，没有处于财产被接管、破产或其他关、停、并、转状态。

（5）在最近 3 年没有骗取合同及其他经济方面的严重违法行为。

（6）近几年有较好的安全记录，投标当年没有发生重大质量和特大安全事故。

二、施工投标应满足的基本要求与程序

施工投标人是响应招标、参加投标竞争的法人或者其他组织。投标人除应具备承担招标项目的施工能力外，其投标本身还应满足以下基本要求。

（1）投标人应当按照招标文件的要求编制投标文件，投标文件应当对招标文件提出的要求和条件做出实质性响应。

（2）投标人应当在招标文件所要求提交投标文件的截止时间前，将投标文件送达投标地点。

（3）投标人在招标文件要求提交投标文件的截止时间前，可以补充、修改或者撤回已提交的投标文件，并书面通知招标人。其补充、修改的内容作为投标文件的组成部分。

（4）投标人根据招标文件载明的项目实际情况，拟在中标后将中标项目的部分非主体、非关键性工作交由他人完成的，应当在投标文件中载明。

（5）两个以上法人或者其他组织可以组成一个联合体，以一个投标人的身份共同投标。联合体各方均应当具备承担招标项目的相应能力；国家有关规定或者招标文件对投标人资格条件有规定的，联合体各方均应当具备规定的相应资格条件。由同一专业的单位组成的联合体，按照资质等级较低的单位确定资质等级。联合体各方应当签订共同投标协议，明确约定各方拟承担的工作和相应的责任，并将共同投标协议连同投标文件一并提交招标人。联合体中标的联合体各方应当共同与招标人签订合同，就中标项目向招标人承担连带责任，但是共同投标协议另有约定的除外。

招标人不得强制投标人组成联合体共同投标，不得限制投标人之间的竞争。

（6）投标人不得相互串通投标报价，不得排挤其他投标人的公平竞争，损害招标人或者他人的合法权益。

（7）投标人不得以低于合理成本的报价竞标，也不得以他人名义投标或者以其他方式弄虚作假，骗取中标。

三、投标担保

施工招投标中的投标担保，对于进一步规范招投标活动，确保合同的顺利履行具有重要意义。从法律性质上讲，施工招标是要约邀请，投标则是要约，中标通知书是承诺。正是在此基础上，招标作为一种要约邀请，对行为人不具有合同意义上的约束力，招标人无需向潜在投标人提供招标担保。当招标项目出现问题（如在评标过程中发现项目设计有重大问题），需要重新招标甚至终止招标，即使责任完全在招标人一方时，招标人仍可以拒绝所有投标，且无需对投标人承担赔偿责任。

而投标作为一种要约则不同，一旦招标人（受要约人）承诺，要约人即受该承诺约束。这主要表现在以下几个方面：投标文件到达招标人后即不可撤回；如果要约人确定了承诺期限或以其他形式表示要约不可撤销，则该要约是不可撤销的；招标人在招标文件中确定了投标有效期，投标人接受该有效期，这个有效期即为承诺期限。在这个期限当中，招标人应该完成招标、评标、定标等工作，招标人可以要求投标人提供投标担保，以担保自己在投标有效期内不撤销投标文件，一旦中标即与投标人订立承诺合同。

施工招标中的投标担保应当在投标时提供。建设部颁布的《房屋建筑和市政基础设施工程施工招标投标管理办法》（建设部第 89 号令）中规定，"投标人应当按照招标文件要求的方式和金额，将投标保函或者投标保证金随投标文件提交投标人。"由此可见，投标担保方式一般可以有两种方式。

（1）投标保证金　一般投标保证金数额不超过投标总价的2%，最高不得超过50万元（人民币），投标保证金一般可以使用支票、银行汇票等。投标保证金的有效期应超过投标有效期。

（2）银行或担保公司开具的投标保函　这是一种第三人的使用担保（保证）。其保函格式应符合招标文件所要求的格式。银行保函或担保书的有效期应在投标有效期满后28天内继续有效（建设部《房屋建筑和市政基础设施工程施工招标文件范本》，2003年1月1日施行）。对于未能按要求提交投标担保金的投标，招标单位将视为不响应投标而予以拒绝。如投标单位在投标有效期内有下列情况，将被没收投标保证金。

① 投标单位在投标有效期撤回投标文件。

② 中标单位未能在规定期限内提交履约保证金或签署合同协议。

相关知识

工程招标投标与建筑市场的关系

建筑市场与工程招投标相互联系、相互制约、相互促进。工程招投标制是市场经济的产物，它作为建筑市场的一个重要组成部分，自身的发展有赖于建筑市场整体乃至市场经济体系的完善与发展，同时招投标制又是培养和发展建筑市场的主要环节，没有招投标制的发展就不会形成完善的建筑市场机制。

1. 工程招投标是培育和发展建筑市场的重要环节

（1）推行招投标制有利于规范建筑市场主体的行为，促进合格市场主体的形成。

（2）推行招投标制，为规范各建筑市场主体的行为，促进其尽快成为合格的市场主体创造了条件。随着与招投标制相关的各项法规的健全与完善，执法力度的加强，投资体制改革的深化，多元化投资方式的发展，工程发包中，业主的投资行为将逐渐纳入科学、规范的轨道。真正的公平竞争、优胜劣汰的市场法则，迫使施工企业必须通过各种措施提高其竞争能力，在质量、工期、成本等诸多方面创造企业生存与发展的空间。同时，招投标制又为中介服务机构创造了良好的工作环境，促使中介服务队伍尽快发展壮大，以适应市场日益发展的需求。

（3）推行招标投标制有利于形成良性的建筑市场运行机制。建筑市场的运行机制主要包括价格机制、竞争机制和供求机制。良性的市场运行机制是市场发挥其优化配置资源基础性作用的前提。

（4）通过推行招投标制，有利于价格真实反映市场供求状况，真正显示企业的实际消耗和工作效率，使实力强、素质高、经营好的建筑企业的产品更具竞争性，实现资源的优化配置；有利于建筑企业降低成本、减少投入、提高质量、缩短工期、例行履约、保证信誉、公平竞争、优胜劣汰；有利于在工程建设中加强工程报建和施工管理，准确掌握市场供求状况，有效控制在建工程的数量，避免材料、能源供应及城市、交通设施的过度紧张，防止建设规模的过度膨胀。

2. 推行招投标制有利于促进经济体制的配套改革和市场经济体制的建立

推行招投标制，涉及计划、价格、物资供应、劳动工资等各个方面，客观上要求有与其相匹配的体制。对不适应招投标的内容必须进行配套改革，加快市场体制发展的步伐。

3. 推行招投标制有利于促进我国建筑业与国际接轨

21 世纪，国际建筑市场的竞争更加激烈，建筑业将逐渐与国际接轨。建筑企业将面临国内、国际两个市场的挑战与竞争。由于招投标是国际通用做法，通过推行招投标制可使建筑企业逐渐认识、了解和掌握国际通行做法，寻找差距，不断提高自身素质与竞争能力，为进入国际市场奠定基础。

第 4 节 招标标底的编制

要点

标底是指招标人根据招标项目的具体情况，编制的完成招标项目所需的全部费用，是根据国家规定的计价依据和计价办法计算出来的工程造价，是招标人对建设工程项目的期望价格。

解释

一、标底的编制原则

（1）根据国家公布的统一工程项目划分、统一计量单位、统一计算规则以及施工图纸、招标文件，并参照国家、行业或地方批准发布的定额和国家、行业、地方规定的技术标准规范，以及要素市场价格编制标底。

（2）标底作为建设单位的期望价格，应力求与市场的实际变化吻合，要有利于竞争和保证工程质量。

（3）标底应由直接费、间接费、利润、税金等组成，一般应控制在批准的总概算（或修正概算）及投资包干的限额内。

（4）标底应考虑人工、材料、设备、机械台班等价格变化因素，还应包括不可预见费（特殊情况）、预算包干费、措施费（赶工措施费、施工技术措施费）、现场因素费用、保险以及采用固定价格的工程的风险金等。工程要求优良的还应增加相应费用。

（5）一项工程只能编制一个标底。

（6）标底编制完成，直至开标时，所有接触过标底价格的人员均负有保密责任，不得泄露。

二、标底的编制依据

（1）招标文件。

（2）工程施工图纸、工程量计算规则。

（3）施工现场地质、水文、地上情况等有关资料。

（4）施工方案或施工组织设计。

（5）现行的工程预算定额、工期定额、工程项目计价类别及取费标准。

（6）国家或地方有关价格调整文件规定。

（7）招标时建筑安装材料及设备的市场价格。

三、标底的编制程序

工程标底价格的编制必须遵循一定的程序才能保证标底价格的正确性。

（1）确定标底价格的编制单位。标底价格由招标单位（或业主）自行编制，或由受其委托具有编制标底资格和能力的中介机构代理编制。

（2）搜集审阅编制依据。

（3）确定标底计价方法，取定市场要素价格。

（4）确定工程计价要素消耗量指标。当使用现行定额编制标底价格时，应对定额中各类消耗量指标按社会先进水平进行调整。

（5）参加工程招投标交底会，勘察施工现场。

（6）招标文件质疑。对招标文件（工程量清单）表述，或描述不清的问题向招标方质疑，请求解释，明确招标方的真实意图，力求计价精确。

（7）确定施工方案。

（8）计算标底价格。

（9）审核修正定稿。

四、标底文件的主要内容

（1）标底的综合编制说明。

（2）标底价格审定书、标底价格计算书、带有价格的工程量清单、现场因素、各种施工措施费的测算明细以及采用固定价格工程的风险系数测算明细等。

（3）主要人工、材料、机械设备用量表。

（4）标底附件。

（5）标底价格编制的有关表格。

五、标底价格的编制方法

1. 定额计价法编制标底

定额计价法编制标底采用的是分部分项工程项目的直接工程费单价（或称为工料单价），该单价中仅包括了人工、材料、机械费用。

（1）单位估价法 单位估价法编制招标工程的标底大多是在工程概预算定额基础上做出的，但它不完全等同于工程概预算。编制一个合理、可靠的标底还必须在此基础上综合考虑工期、质量、自然地理条件和招标工程范围等因素。

（2）实物量法 用实物量法编制标底，主要先用计算出的各分项工程的实物工程量，分别套取工程定额中的人工、材料、机械消耗指标，并按类相加，求出单位工程所需的各种人工、材料、施工机械台班的总消耗量，然后分别乘以当时当地的人工、材料、施工机械台班市场单价，求出人工费、材料费、施工机械使用费，再汇总求和得到直接工程费。对于间接费、利润和税金等费用的计算则根据当时当地建筑市场的供求情况具体确定。

虽然以上两种方法在本质上没有大的区别，但由于标底具有力求与市场的实际变化相吻合的特点，所以标底应考虑人工、材料、设备、机械台班等价格变化因素，还应考虑不可预见费用（特殊情况）、预算包干费用、现场因素费用、保险以及采用固定价格合同的工程的风险费用。工程要求优良的还应增加相应费用。

2. 清单计价法编制标底

工程量清单计价法编制标底时采用的单价主要是综合单价。用综合单价编制标底价格，要根据统一的项目划分，按照统一的工程量计算规则计算工程量，确定分部分项工程项目以及措施项目的工程量清单。然后分别计算其综合单价，该单价是根据具体项目分别计算的。综合单价确定以后，填入工程量清单中，再与工程量相乘得到合价，汇总之后最后考虑规费、税金即可得到标底价格。

采用工程量清单计价法编制标底时应注意两点：一是若编制工程量清单与编制招标标底不是同一单位时，应注意发放招标文件中的工程量清单与编制标底的工程量清单在格式、内容、项目特征描述等各方面保持一致，避免由此造成的招标失败或评标的不公正。二是要仔细区分清单中分部分项工程清单费用、措施项目清单费用、其他项目清单费用和规费、税金等各项费用的组成，避免重复计算。

六、标底价格的确定

1. 标底价格的计算方式

工程标底的编制，需要根据招标工程的具体情况，例如设计文件和图纸的深度、工程的规模和复杂程度、招标人的特殊要求、招标文件对投标报价的规定等，选择合适的编制方法计算。

在工程招标时施工图设计已经完成的情况下，标底价格应按施工图纸进行编制；如果招标时只是完成了初步设计，标底价格只能按照初步设计图纸进行编制；如果招标时只有设计方案，标底价格可用每平方米造价指标或单位指标等进行编制。

标底价格的编制，除依据设计图纸进行费用的计算外，还需考虑图纸以外的费用，其中包括由合同条件、现场条件、主要施工方案、施工措施等所产生费用的取定，依据招标文件或合同条件规定的不同要求，选择不同的计价方式。根据我国现行工程造价的计算方式和习惯做法，在按工程量清单计算标底价格时，单价的计算可采用工料单价法和综合单价法。综合单价法针对分部分项工程内容，综合考虑其工料机成本和各类间接费及利税后报出单价，再根据各分项量价之和组成工程总价；工料单价法则首先汇总各种工料机消耗量，乘以相应的工料机市场单价，得到直接工程费，再考虑措施费、间接费和利税得出总价。

2. 确定标底价格需考虑的其他因素

（1）标底价格必须适应目标工期的要求。预算价格反映的是按定额工期完成合格产品的价格水平。若招标工程的目标工期不属于正常工期，而需要缩短工期，则应按提前天数给出必要的赶工费和奖励，并列入标底价格。

（2）标底价格必须反映招标人的质量要求。预算价格反映的是按照国家有关施工验收规范规定完成合格产品的价格水平。当招标人提出需达到高于国家验收规范的质量要求时，就意味着承包方要付出比完成合格水平的工程更高的费用。因此，标底价格应体现优质优价。

（3）标底价格计算时，必须合理确定措施费、间接费、利润等费用，费用的计取应反映企业和市场的现实情况，尤其是利润，一般应以行业平均水平为基础。

（4）标底价格应根据招标文件或合同条件的规定，按规定的工程发承包模式，确定相应的计价方式，考虑相应的风险费用。

（5）标底价格必须综合考虑招标工程所处的自然地理条件和招标工程的范围等因素。

七、标底的审查

1. 审查标底的目的

审查标底的目的在于检查标底价格编制是否真实、准确。标底价格如有漏洞，应予以调整和修正。如果标底价超过概算，应按照有关规定进行处理，同时也不得以压低标底价格作为压低投资的手段。

2. 标底审查的内容

（1）审查标底的计价依据：承包范围、招标文件规定的计价方法等。

（2）审查标底价格的组成内容：工程量清单及其单价组成，措施费费用组成，间接费、利润、规费、税金的计取，有关文件规定的调价因素等。

（3）审查标底价格相关费用：人工、材料、机械台班的市场价格，现场因素费用、不可预见费用，对于采用固定价格合同的还应审查在施工周期内价格的风险系数等。

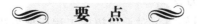　相关知识　

标底的作用

（1）标底能够使招标人预先明确自己在拟建工程中应承担的财务义务。

（2）标底给上级主管部门提供核实建设规模的依据。

（3）标底是衡量投标人报价高低的准绳。只有确定了标底，才能正确判断出投标人所投标报价的合理性和可靠性。

（4）标底是评标的重要尺度。只有编制了科学合理的标底，才能在定标时做出正确的抉择，否则评标就是盲目的。因此招标工程必须以严肃认真的态度和科学的方法来编制标底。

第 5 节　投标报价的编制

要　点

投标单位根据招标文件及有关计算工程造价的计价依据，计算出投标报价，并在此

基础上研究投标策略，提出更有竞争力的投标报价。这项工作对于投标单位来讲，对未来企业实施工程的盈亏起着决定性的作用。

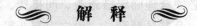 解 释

施工投标程序见图 7-3。

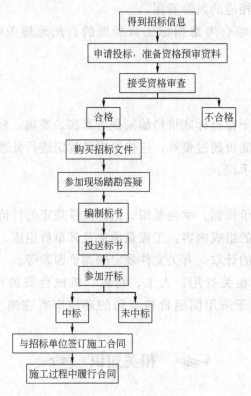

图 7-3　施工投标程序图

一、投标报价的编制依据

（1）招标单位提供的招标文件。

（2）招标单位提供的设计图纸及有关的技术说明书等。

（3）国家及地区颁发的现行建筑、安装工程预算定额及与之相配套执行的各种费用定额、规定等。

（4）地方现行材料预算价格、采购地点及供应方式等。

（5）因招标文件及设计图纸等不明确，经咨询后由招标单位书面答复的有关资料。

（6）企业内部制定的有关取费、价格等的规定、标准。

（7）其他与报价计算有关的各项政策、规定及调整系数等。

（8）在报价的计算过程中，对于不可预见费用的计算必须慎重考虑，不要遗漏。

二、投标报价的编制方法

投标报价的编制主要是投标单位对承建招标工程所要发生的各种费用的计算。投标报价的编制方法和标底的编制方法一致，也分为定额计价法和工程量清单计价法两种方法。

三、投标报价的工作程序

任何一个工程项目的投标报价工作都是一项系统工程，应遵循一定的程序。

(1) 研究招标文件　投标单位报名参加或接受邀请参加某一工程的投标，通过了资格预审并取得招标文件后，首要的工作就是认真仔细地研究招标文件，充分了解其内容和要求，以便有针对性地安排投标工作。

(2) 调查投标环境　投标环境就是招标工程施工的自然、经济和社会条件，这些条件都可以成为工程施工的制约因素或有利因素，必然会影响到工程成本，是投标单位报价时必须考虑的，因此在报价前需尽可能了解清楚。

(3) 制订施工方案　施工方案是投标报价的一个前提条件，也是招标单位评标时要考虑的主要因素之一。施工方案应由施工单位的技术负责人主持制订，主要考虑施工方法、主要施工机具的配备、各工种劳动力的安排及现场施工人员的平衡、施工进度及分批竣工的安排、安全措施等。施工方案的制订应在技术和工期两个方面对招标单位有吸引力，同时又有助于降低施工成本。

(4) 投标价的计算　投标价的计算是投标单位对将要投标的工程所发生的各种费用的计算。在进行投标计算时，必须首先根据招标文件计算和复核工程量，作为投标价计算的必要条件。另外在投标价的计算前，还应预先确定施工方案和施工进度，投标价计算还必须与所采用的合同形式相协调。

(5) 确定投标策略　正确的投标策略对提高中标率、获得较高的利润有重要的作用。投标策略主要内容有：以信取胜、以快取胜、以廉取胜、靠改进设计取胜、采用以退为进的策略、采用长远发展的策略等。

(6) 编制正式的投标书　投标单位应该按照招标单位的要求和确定的投标策略编制投标书，并在规定的时间内送到指定地点。

四、投标报价的策略

投标报价策略指的是承包商在投标竞争中的系统工作部署及其参与投标竞争的方式和手段。投标人的决策活动贯穿于投标全过程，是工程竞标的关键。投标的实质是竞争，竞争的焦点是技术、质量、价格、管理、经验和信誉等综合实力。所以必须随时掌握竞争对手的情况和招标业主的意图，及时制订正确的策略，争取主动。投标策略主要有投标目标策略、技术方案策略、投标方式策略、经济效益策略等。

(1) 投标目标策略　指的是投标人应该重点对哪些适宜的招标项目去投标。

(2) 技术方案策略　技术方案和配套设备的档次（品牌、性能和质量）的高低决定了整个工程项目的基础价格，投标前应根据业主投资的大小和意图进行技术方案决策，并指导报价。

(3) 投标方式策略　指导投标人是否联合合作伙伴投标。中小型企业依靠大型企业的技术、产品和声誉的支持进行联合投标是提高其竞争力的一种良策。

(4) 经济效益策略　直接指导投标报价。制订报价策略必须考虑投标者的数量、主要竞争对手的优势、竞争实力的强弱和支付条件等因素，根据不同情况可计算出高、中、低三套报价方案。

① 常规价格策略　常规价格即中等水平的价格，根据系统设计方案，核定施工工作量，确定工程成本，经过风险分析，确定应得的预期利润后进行汇总。然后再结合竞争对手的情况及招标方的心理底价对不合理的费用和设备配套方案进行适当调整，确定最终投标价。

② 保本微利策略　如果夺标的目的是为了在该地区打开局面，树立信誉、占领市场和建立样板工程，则可采取微利保本策略。甚至不排除承担风险，宁愿先亏后盈。此策略适用于以下情况。

a. 投标对手多、竞争激烈、支付条件好、项目风险小。

b. 技术难度小、工作量大、配套数量多、各家企业都乐意承揽的项目。

c. 为开拓市场，急于寻找客户或解决企业目前的生产困境。

③ 高价策略　符合下列情况的投标项目可采用高价策略。

a. 专业技术要求高、技术密集型的项目。

b. 支付条件不理想、风险大的项目。

c. 竞争对手少，各方面自己都占绝对优势的项目。

d. 交工期甚短，设备和劳力超常规的项目。

e. 特殊约定（如要求保密等）需要有特殊条件的项目。

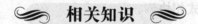

相关知识

投标报价的影响因素

1. 主观因素

从本企业的主观条件、各项业务能力和能否适应投标工程的要求进行衡量，主要考虑以下方面。

（1）设计能力。

（2）机械设备能力。

（3）工人和技术人员的操作技术水平。

（4）以往对类似工程的经验。

（5）竞争的激烈程度。

（6）器材设备的交货条件。

（7）中标承包后对以后本企业的影响。

（8）对工程的熟悉程度和管理经验。

2. 客观因素

（1）工程的全面情况。包括图纸和说明书，现场地上、地下条件，如地形、交通、电源、水源、水文气象、土壤地质等。这些都是拟订施工方案的依据和条件。

（2）业主及其代理人（工程师）的基本情况，包括资历、工作能力、业务水平、个人的性格和作风等。这些都是有关今后在施工承包结算中能否顺利进行的主要因素。

（3）劳动力的来源情况。如当地能否招募到比较廉价的工人，以及当地工会对承包商在劳务问题上能否合作的态度。

（4）建筑材料和机械设备等资源的供应来源、价格、供货条件以及市场预测等情况。

（5）专业分包。如电气、空调、电梯等专业安装力量情况。

（6）银行贷款利率、担保收费、保险费率等与投标报价有关的因素。

（7）当地各项法规，如合同法、企业法、劳动法、关税、工程管理条例、外汇管理法以及技术规范等。

（8）竞争对手的情况。包括对手企业的历史、信誉、技术水平、经营能力、设备能力、以往投标报价的情况和经常采用的投标策略等。

第6节 投标文件范本

要 点

利用投标文件范本可以加快招标准备工作的速度。为了让读者对投标文件的详细内容有比较全面的了解，本节介绍《中华人民共和国简明标准施工招标文件》（2012 年版）部分内容。

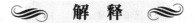
解 释

一、封皮

_____ （项目名称）

投标文件

投标人：_____ （盖单位章）

法定代表人或其委托代理人：_____ （签字）

_____年_____月_____日

二、投标目录

（1）投标函及投标函附录（表 7-1、表 7-2、表 7-3）。

表 7-1 投标函

投标函

致：_____(招标人名称)

在考察现场并充分研究_____(项目名称)____标段(以下简称"本工程")施工招标文件的全部内容后,我方兹以:

人民币(大写)：_____元

RMB¥：_____元

的投标价格和按合同约定有权得到的其他金额,并严格按照合同约定,施工、竣工和交付本工程并维修其中的任何缺陷。

在我方的上述投标报价中,包括：

安全文明施工费 RMB¥：_____元

暂列金额(不包括计日工部分)RMB¥：_____元

专业工程暂估价 RMB¥：_____元

如果我方中标,我方保证在_____年_____月____日或按照合同约定的开工日期开始本工程的施工,_____天(日历日)内竣工,并确保工程质量达到_____标准。我方同意本投标函在招标文件规定的提交投标文件截止时间后,在招标文件规定的投标有效期满前对我方具有约束力,且随时准备接受你方发出的中标通知书。

随本投标函递交的投标函附录是本投标函的组成部分,对我方构成约束力。

随同本投标函递交投标保证金一份,金额为人民币(大写)：_____元(¥：____元)。

在签署协议书之前,你方的中标通知书连同本投标函,包括投标函附录,对双方具有约束力。

投标人(盖章)：

法人代表或委托代理人(签字或盖章)：

日期：_____年__月__日

备注：采用综合评估法评标,且采用分项报价方法对投标报价进行评分的,应当在投标函中增加分项报价的填报。

表 7-2 投标函附录

工程名称：_____(项目名称)____标段

序号	条款内容	合同条款号	约定内容	备注
1	项目经理	1.1.2.4	姓名：_____	
2	工期	1.1.4.3	_____日历天	
3	缺陷责任期	1.1.4.5		
4	承包人履约担保金额	4.2		
5	分包	4.3.4	见分包项目情况表	
6	逾期竣工违约金	11.5	_____元/天	
7	逾期竣工违约金最高限额	11.5	_____	
8	质量标准	13.1		
9	价格调整的差额计算	16.1.1	见价格指数权重表	
10	预付款额度	17.2.1		
11	预付款保函金额	17.2.2		
12	质量保证金扣留百分比	17.4.1		
13	质量保证金额度	17.4.1		
...	...			

投标人(盖章)：

法人代表或委托代理人(签字或盖章)：

日期：____年____月____日

备注：投标人在响应招标文件中规定的实质性要求和条件的基础上,可做出其他有利于招标人的承诺。此类承诺可在本表中予以补充填写。

表 7-3　价格指数权重表

名称		基本价格指数		权重			价格指数来源
		代号	指数值	代号	允许范围	投标人建议值	
定值部分				A			
变值部分	人工费	F_{01}		B_1	__至__		
	钢材	F_{02}		B_2	__至__		
	水泥	F_{03}		B_3	__至__		
	…	…		…	…		
合计						1.00	

备注：在专用合同条款 16.1 款约定采用价格指数法进行价格调整时适用本表。表中除"投标人建议值"由投标人结合其投标报价情况选择填写外，其余均由招标人在招标文件发出前填写。

（2）法定代表人身份证明（表 7-4）。

表 7-4　法定代表人身份证明

法定代表人身份证明

投 标 人：＿＿＿＿＿＿＿＿＿＿＿＿＿＿＿＿＿＿＿＿＿＿＿＿＿＿

单位性质：＿＿＿＿＿＿＿＿＿＿＿＿＿＿＿＿＿＿＿＿＿＿＿＿＿＿

地　　址：＿＿＿＿＿＿＿＿＿＿＿＿＿＿＿＿＿＿＿＿＿＿＿＿＿＿

成立时间：＿＿＿＿＿＿＿年＿＿＿＿＿＿月＿＿＿＿＿＿日

经营期限：＿＿＿＿＿＿＿＿＿＿＿＿＿＿＿＿＿＿＿＿＿＿＿＿＿＿

姓名：＿＿＿＿＿＿＿＿＿＿＿＿性　别：＿＿＿＿＿＿＿＿＿＿＿

年龄：＿＿＿＿＿＿＿＿＿＿＿＿职　务：＿＿＿＿＿＿＿＿＿＿＿

系＿＿＿＿＿＿＿＿＿＿＿＿＿＿＿＿＿（投标人名称）的法定代表人。

特此证明。

投标人：＿＿＿＿＿＿＿＿＿＿＿（盖单位章）

＿＿＿＿＿年＿＿＿＿＿月＿＿＿＿＿日

（3）授权委托书及联合协议书（表 7-5、表 7-6）。

表 7-5　授权委托书

授权委托书

本人＿＿＿＿＿＿（姓名）系＿＿＿＿＿＿（投标人名称）的法定代表人，现委托＿＿＿＿＿＿（姓名）为我方代理人。代理人根据授权，以我方名义签署、澄清、说明、补正、递交、撤回、修改＿＿＿＿＿＿＿＿＿（项目名称）＿＿＿＿＿＿＿标段施工投标文件、签订合同和处理有关事宜，其法律后果由我方承担。

委托期限：＿＿＿＿＿＿＿＿＿＿＿＿＿＿＿＿＿＿＿＿＿＿＿＿＿＿＿＿＿＿＿

＿＿＿＿＿＿＿＿＿＿＿＿＿＿＿＿＿＿＿＿＿＿＿＿＿＿＿＿＿＿＿。

代理人无转委托权。

附：法定代表人身份证明

投 标 人：＿＿＿＿＿＿＿＿＿＿＿＿＿＿（盖单位章）

法定代表人：＿＿＿＿＿＿＿＿＿＿＿＿＿＿（签字）

身份证号码：＿＿＿＿＿＿＿＿＿＿＿＿＿＿＿

委托代理人：＿＿＿＿＿＿＿＿＿＿＿＿＿＿（签字）

身份证号码：＿＿＿＿＿＿＿＿＿＿＿＿＿＿＿

＿＿＿＿＿年＿＿＿＿＿月＿＿＿＿＿日

表 7-6 联合体协议书

联合体协议书

牵头人名称：＿＿＿＿＿＿＿＿＿＿＿＿＿＿＿＿＿＿＿＿

法定代表人：＿＿＿＿＿＿＿＿＿＿＿＿＿＿＿＿＿＿＿＿

法 定 住 所：＿＿＿＿＿＿＿＿＿＿＿＿＿＿＿＿＿＿＿＿

成员二名称：＿＿＿＿＿＿＿＿＿＿＿＿＿＿＿＿＿＿＿＿

法定代表人：＿＿＿＿＿＿＿＿＿＿＿＿＿＿＿＿＿＿＿＿

法 定 住 所：＿＿＿＿＿＿＿＿＿＿＿＿＿＿＿＿＿＿＿＿

……

鉴于上述各成员单位经过友好协商,自愿组成＿＿＿＿(联合体名称)联合体,共同参加＿＿＿＿(招标人名称)(以下简称招标人)＿＿＿＿(项目名称)＿＿标段(以下简称本工程)的施工投标并争取赢得本工程施工承包合同(以下简称合同)。现就联合体投标事宜订立如下协议:

1.＿＿＿＿(某成员单位名称)为＿＿＿＿(联合体名称)牵头人。

2.在本工程投标阶段,联合体牵头人合法代表联合体各成员负责本工程投标文件编制活动,代表联合体提交和接收相关的资料、信息及指示,并处理与投标和中标有关的一切事务;联合体中标后,联合体牵头人负责合同订立和合同实施阶段的主办、组织和协调工作。

3.联合体将严格按照招标文件的各项要求,递交投标文件,履行投标义务和中标后的合同,共同承担合同规定的一切义务和责任,联合体各成员单位按照内部职责的划分,承担各自所负的责任和风险,并向招标人承担连带责任。

4.联合体各成员单位内部的职责分工如下:＿＿＿＿＿＿＿＿按照本条上述分工,联合体成员单位各自所承担的合同工作量比例如下:＿＿＿＿。

5.投标工作和联合体在中标后工程实施过程中的有关费用按各自承担的工作量分摊。

6.联合体中标后,本联合体协议是合同的附件,对联合体各成员单位有合同约束力。

7.本协议书自签署之日起生效,联合体未中标或者中标时合同履行完毕后自动失效。

8.本协议书一式＿＿＿＿份,联合体成员和招标人各执一份。

牵头人名称:＿＿＿＿＿＿＿＿＿＿＿＿＿(盖单位章)

法定代表人或其委托代理人:＿＿＿＿＿＿＿＿(签字)

成员二名称:＿＿＿＿＿＿＿＿＿＿＿＿＿(盖单位章)

法定代表人或其委托代理人:＿＿＿＿＿＿＿＿(签字)

……

＿＿＿＿年＿＿＿＿月＿＿＿＿日

备注:本协议书由委托代理人签字的,应附法定代表人签字的授权委托书。

(4) 投标保证金 (表 7-7)。

(5) 已标价工程量清单。

(6) 施工组织设计 (表 7-8～表 7-12)。

(7) 项目管理机构 (表 7-13、表 7-14)。

(8) 资格审查资料 (表 7-15～表 7-17)。

表 7-7 投标保证金

投标保证金

保函编号：_____

_____（招标人名称）：

鉴于_____（投标人名称）（以下简称"投标人"）参加你方_____（项目名称）_____标段的施工投标，_____（担保人名称）（以下简称"我方"）受该投标人委托，在此无条件地、不可撤销地保证：一旦收到你方提出的下述任何一种事实的书面通知，在 7 日内无条件地向你方支付总额不超过_____（投标保函额度）的任何你方要求的金额。

1. 投标人在规定的投标有效期内撤销或者修改其投标文件。

2. 投标人在收到中标通知书后无正当理由而未在规定期限内与贵方签署合同。

3. 投标人在收到中标通知书后未能在招标文件规定期限内向贵方提交招标文件所要求的履约担保。

本保函在投标有效期内保持有效，除非你方提前终止或解除本保函。要求我方承担保证责任的通知应在投标有效期内送达我方。保函失效后请将本保函交投标人退回我方注销。

本保函项下所有权利和义务均受中华人民共和国法律管辖和制约。

担保人名称：_____（盖单位章）

法定代表人或其委托代理人：_____（签字）

地　　址：_____

邮政编码：_____

电　　话：_____

传　　真：_____

_____年_____月_____日

备注：经过招标人事先的书面同意，投标人可采用招标人认可的投标保函格式，但相关内容不得背离招标文件约定的实质性内容。

表 7-8　拟投入本工程的主要施工设备表

序号	设备名称	型号规格	数量	国别产地	制造年份	额定功率/kW	生产能力	用于施工部位	备注

表 7-9　拟配备本工程的试验和检测仪器设备表

序号	仪器设备名称	型号规格	数量	国别产地	制造年份	已使用台时数	用途	备注

表 7-10　劳动力计划表　　　　　　　　　　单位：人

工种	按工程施工阶段投入劳动力情况							

表 7-11 临时用地表

用途	面积/m²	位置	需用时间

表 7-12 施工组织设计（技术暗标部分）编制及装订要求

（一）施工组织设计中纳入"暗标"部分的内容：

_____
_____
_____ 。

（二）暗标的编制和装订要求

1. 打印纸张要求：_____ 。

2. 打印颜色要求：_____ 。

3. 正本封皮（包括封面、侧面及封底）设置及盖章要求：_____ 。

4. 副本封皮（包括封面、侧面及封底）设置要求：_____ 。

5. 排版要求：_____ 。

6. 图表大小、字体、装订位置要求：_____ 。

7. 所有"技术暗标"必须合并装订成一册，所有文件左侧装订，装订方式应牢固、美观，不得采用活页方式装订，均应采用_____方式装订。

8. 编写软件及版本要求：Microsoft Word _____ 。

9. 任何情况下，技术暗标中不得出现任何涂改、行间插字或删除痕迹。

10. 除满足上述各项要求外，构成投标文件的"技术暗标"的正文中均不得出现投标人的名称和其他可识别投标人身份的字符、徽标、人员名称以及其他特殊标记等。

备注："暗标"应当以能够隐去投标人的身份为原则，尽可能简化编制和装订要求。

表 7-13　项目管理机构组成表

职务	姓名	职称	执业或职业资格证明					备注
			证书名称	级别	证号	专业	养老保险	

表 7-14　拟分包计划表

序号	拟分包项目名称、范围及理由	拟选分包人				备注
		拟选分包人名称	注册地点	企业资质	有关业绩	
		1				
		2				
		3				
		1				
		2				
		3				
		1				
		2				
		3				
		1				
		2				
		3				

备注：本表所列分包仅限于承包人自行施工范围内的非主体、非关键工程。

日期：　　年　月　日

表 7-15 投标人基本情况表

投标人名称						
注册地址				邮政编码		
联系方式	联系人			电话		
	传真			网址		
组织结构						
法定代表人	姓名		技术职称		电话	
技术负责人	姓名		技术职称		电话	
成立时间			员工总人数：			
企业资质等级		其中	项目经理			
营业执照号			高级职称人员			
注册资金			中级职称人员			
开户银行			初级职称人员			
账号			技工			
经营范围						
备注						

备注：本表后应附企业法人营业执照及其年检合格的证明材料、企业资质证书副本、安全生产许可证等材料的复印件。

表 7-16 近年完成的类似项目情况表

项目名称	
项目所在地	
发包人名称	
发包人地址	
发包人联系人及电话	
合同价格	
开工日期	
竣工日期	
承担的工作	
工程质量	
项目经理	
技术负责人	
总监理工程师及电话	
项目描述	
备注	

备注：1. 类似项目指_____工程。

2. 本表后附中标通知书和（或）合同协议书、工程接收证书（工程竣工验收证书）的复印件，具体年份要求见投标人须知前附表。每张表格只填写一个项目，并标明序号。

表 7-17　正在施工的和新承接的项目情况表

项目名称	
项目所在地	
发包人名称	
发包人地址	
发包人电话	
签约合同价	
开工日期	
计划竣工日期	
承担的工作	
工程质量	
项目经理	
技术负责人	
项目描述	
备注	

备注：本表后附中标通知书和（或）合同协议书复印件。每张表格只填写一个项目，并标明序号。

相关知识

投标文件的报送

投标人应按投标人须知的规定，向招标人递交投标文件。需要了解以下内容。

（1）按要求签署

投标文件正本应用不褪色的墨水书写或打印，由投标人的法定代表人或其授权的代理人签署，并将（投标）授权书附在其内。

投标文件正本中的任何一页，都要有授权的投标文件签字人小签或盖章。

投标文件的任何一页都不应涂改、行间插字或删除。如果出现上述情况，不论何种原因造成，均应由投标文件签字人在改动处小签或盖章。

（2）按要求密封

未密封的投标文件招标人将不予签收。

封送投标文件的一般惯例是，投标人应按招标文件的要求，准备正本和副本。投标文件的正本及每一副本应分别包装，而且都必须用内外两层封套分别包装与密封，密封后打上"正本"或"副本"的印记。两层封套上均应按投标邀请的规定写明收件人的全称和详细地址，同时注明：此件系对某合同的投标文件，投标文件的编号，项目名称，在某日某时（即开标时间）之前不要启封等。内层封套是用于原封退还投标文件的，因此应写明投标人的地址和名称。外层封套上一般不应有任何投标人的识别标志。如果外层信封未按上述规定密封及标记，则招标人对于把投标文件放错地方或过早启封概不负责。由于上述原因被过早启封的标书，招标人将予以拒绝并退还投标人。

（3）按要求递交

投标人应当在招标文件要求提交投标文件的截止时间前，将投标文件交招标人。

招标人在收到投标人的投标文件后，应签收或通知投标人已经收到其投标文件，并记录收到日期和时间；同时，在收到投标文件到开标之前，所有投标文件均不得启封，并应采取措施确保投标文件的安全。

招标人在送交投标文件截止期以后收到的投标文件，将原封退回投标人。

招标文件要求交纳投标保证金的，投标人应当在提交投标文件的同时交纳。

（4）投标文件的更改与撤回

在送交投标文件截止期以前，投标人可以更改或撤回投标文件，但是必须以书面形式提出，并经授权的投标文件签字人签署。

在时间紧迫的情况下，投标文件撤回的要求可以先以传真通知招标人，但应随即补发一份正式的书面函件予以确认。更改、撤回的确认书必须在送交投标文件截止期以前送达招标人签收。

更改的投标文件应同样按照投标文件送交规定的要求进行编制、密封、标记和发送。

第8章
电气工程施工合同管理

第1节 施工合同的基础知识

∽ 要 点 ∽

工程建设是一个极为复杂的社会生产过程，它分别经历立项、可行性研究、勘察设计、工程施工和运行等阶段；有建筑、结构、水电、机械设备、通信等专业设计和施工活动；需要各种材料、设备、资金和劳动力的供应。由于现代的社会化大生产和专业化分工，一个稍大一点的工程，其参加单位就有十几个、几十个，甚至上百个，它们之间形成各式各样的经济关系。由于工程中维系这种关系的纽带是合同，所有就会产生各种各样的合同。

∽ 解 释 ∽

一、施工合同的类型

建设工程施工合同按合同工作范围可以分为以下类型。

（1）施工总承包合同

施工总承包合同即承包商承担一个工程的全部施工任务，包括土建、水电安装和设备安装等。

（2）单位工程施工承包合同

这是最常见的工程承包合同，包括土木工程施工合同、电气与机械工程承包合同等。在工程中，业主可以将专业性很强的单位工程分别委托给不同的承包商。这些承包商之间为平行关系。

（3）分包合同

分包合同是施工承包合同的分合同。承包商可以将承包合同范围的一些工程或工作委托给另外的承包商来完成。分包合同包括劳务分包合同和专业分包合同。

二、《建设工程施工合同（示范文本）》简介

为了指导建设工程施工合同当事人的签约行为，维护合同当事人的合法权益，依据《中华人民共和国合同法》、《中华人民共和国建筑法》、《中华人民共和国招标投标法》以及相关法律法规，住房城乡建设部、国家工商行政管理总局对《建设工程施工合同（示范文本）》（GF-1999-0201）进行了修订，制定了《建设工程施工合同（示范文本）》（GF-2013-0201）（以下简称《示范文本》）。

《示范文本》由合同协议书、通用合同条款和专用合同条款三部分组成。

（1）合同协议书

《示范文本》合同协议书共计13条，主要包括：工程概况、合同工期、质量标准、签约合同价和合同价格形式、项目经理、合同文件构成、承诺以及合同生效条件等重要内容，集中约定了合同当事人基本的合同权利义务。

（2）通用合同条款

通用合同条款是合同当事人根据《中华人民共和国建筑法》、《中华人民共和国合同法》等法律法规的规定，就工程建设的实施及相关事项，对合同当事人的权利义务作出的原则性约定。

通用合同条款共计20条，具体条款分别为：一般约定、发包人、承包人、监理人、工程质量、安全文明施工与环境保护、工期和进度、材料与设备、试验与检验、变更、价格调整、合同价格、计量与支付、验收和工程试车、竣工结算、缺陷责任与保修、违约、不可抗力、保险、索赔和争议解决。前述条款安排既考虑了现行法律法规对工程建设的有关要求，也考虑了建设工程施工管理的特殊需要。

（3）专用合同条款

专用合同条款是对通用合同条款原则性约定的细化、完善、补充、修改或另行约定的条款。合同当事人可以根据不同建设工程的特点及具体情况，通过双方的谈判、协商对相应的专用合同条款进行修改补充。在使用专用合同条款时，应注意以下事项：

① 专用合同条款的编号应与相应的通用合同条款的编号一致；

② 合同当事人可以通过对专用合同条款的修改，满足具体建设工程的特殊要求，避免直接修改通用合同条款；

③ 在专用合同条款中有横道线的地方，合同当事人可针对相应的通用合同条款进行细化、完善、补充、修改或另行约定；如无细化、完善、补充、修改或另行约定，则填写"无"或划"/"。

三、FIDIC施工合同条件文本内容

FIDIC出版的所有合同文本结构，都是以通用条件、专用条件和其他标准化文件的格式编制。

（1）通用条件。所谓"通用"，其含义是工程建设项目不论属于哪个行业，也不管处于何地，只要是土木工程类的施工均可适用。条款内容涉及：合同履行过程中业主和承包商各方的权利与义务，工程师（交钥匙合同中为业主代表）的权利和职责，各种可

能预见事件发生后的责任界限，合同正常履行过程中各方应遵循的工作程序，以及因意外事件而使合同被迫解除时各方应遵循的工作准则等。

（2）专用条件。专用条件是相对于"通用"而言的，在使用时要根据准备实施项目的工程专业特点，以及工程所在地的政治、经济、法律、自然条件等地域特点，把通用条件中某些条款的规定加以具体化，可以相应对通用条件中的规定进行补充完善、修订或取代其中的某些内容，以及增补通用条件中没有规定的条款。专用条件中条款序号应与通用条件中要说明的条款序号对应，通用条件和专用条件内相同序号的条款共同构成对某一问题的约定责任。如果通用条件内的某一条款内容完备、适用，专用条件内可不再重复列此条款。

（3）标准化的文件格式。FIDIC编制的标准化合同文本，除了通用条件和专用条件以外，还包括标准化的投标书、协议书等格式文件。投标人只需要在投标书格式文件里填写投标报价并签字后，即可与其他材料一起构成有法律效力的投标文件。投标书附件列出了通用条件和专用条件内涉及工期和费用内容的明确数值，与专用条件中的条款序号和具体要求相一致，以使承包商在投标时予以考虑。这些数据经承包商填写并签字确认后，合同履行过程中作为双方遵照执行的依据。协议书是业主与中标承包商签订施工承包合同的标准化格式文件，双方只要在空格内填入相应内容，并签字盖章后合同即可生效。

相关知识

一、《示范文本》的性质和适用范围

《示范文本》为非强制性使用文本。《示范文本》适用于房屋建筑工程、土木工程、线路管道和设备安装工程、装修工程等建设工程的施工承发包活动，合同当事人可结合建设工程具体情况，根据《示范文本》订立合同，并按照法律法规规定和合同约定承担相应的法律责任及合同权利义务。

二、FIDIC施工合同条件的适用范围

该合同条件适用于建设项目规模大、复杂程度高、雇主提供设计的项目。它基本继承了原来的"风险分担"原则，即雇主愿意承担比较大的风险。因此，雇主希望提供几乎全部设计；雇用工程师管理合同，管理施工以及签证支付；希望在工程施工的全过程中持续得到全部信息，并能作变更等；希望支付根据工程量清单或通过的工程总价。而承包商仅根据雇主提供的图纸资料进行施工。当然，承包商有时要根据要求承担结构、机械和电气部分的设计工作。

第2节　施工合同的签订与审查

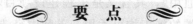

要　点

合同是双方对招标成果的认可，是招标之后、开工之前双方签订的工程施工、付款

和结算的凭证。本节主要介绍施工合同的内容、施工合同的签订、施工合同的审查。

～ 解 释 ～

一、施工合同的内容

由于电气工程施工生产的长期性和复杂性，决定了施工合同必须有很多条款。根据《中华人民共和国合同法》，施工合同主要应具备以下主要内容。

（1）工程范围。

（2）建设工期。

（3）中间交工工程的开工和竣工时间。

（4）工程质量。

（5）工程造价。

（6）技术资料交付时间。

（7）材料和设备供应责任。

（8）拨款和结算。

（9）竣工验收。

（10）质量保修范围和质量保证期。

（11）双方相互协作等条款。

此外关于索赔、工程分包、不可抗力、工程保险、工程停建或缓建、合同生效与终止等也是施工合同的重要内容。

二、施工合同的签订

施工合同签订的过程，是当事人双方互相协商并最后就各方的权利、义务达成一致意见的过程。签约是双方意志统一的表现。

签订电气工程施工合同的时间比较长，实际上它是从准备招标文件开始，继而招标、投标、评标、中标，直至合同谈判结束为止的一整段时间。

1. 施工合同签订的原则

（1）依法签订的原则

① 必须依据《中华人民共和国合同法》、《中华人民共和国建筑法》、《建设工程勘察设计管理系列》等有关法律、法规。

② 合同的内容、形式、签订的程序均不得违法。

③ 当事人应当遵守法律、行政法规和社会公德，不得扰乱社会经济秩序，不得损害社会公共利益。

④ 根据招标文件的要求，结合合同实施中可能发生的各种情况进行周密、充分的准备，按照"缔约过失责任原则"保护企业的合法权益。

（2）平等互利协商一致的原则

① 发包方、承包方作为合同的当事人，双方均平等地享有经济权利，平等地承担经济义务，其经济法律地位是平等的，没有主从关系。

② 合同的主要内容，需经双方协商、达成一致，不允许一方将自己的意志强加于

对方、一方以行政手段干预对方、压服对方等现象发生。

（3）等价有偿的原则

① 签约双方的经济关系要合理，当事人的权利义务是对等的。

② 合同条款中也应充分体现等价有偿原则，即：

A. 一方给付，另一方必须按价值相等原则作相应给付。

B. 不允许发生无偿占有、使用另一方财产现象。

C. 对工期提前、质量全优要予以奖励。

D. 对延误工期、质量低劣应罚款。

E. 提前竣工的收益由双方分享。

（4）严密完备的原则

① 充分考虑施工期内各个阶段，施工合同主体间可能发生的各种情况和一切容易引起争端的焦点问题，并预先约定解决问题的原则和方法。

② 条款内容力求完备，避免疏漏，措辞力求严谨、准确、规范。

③ 对合同变更、纠纷协调、索赔处理等方面应有严格的合同条款作保证，以减少双方矛盾。

（5）履行法律程序的原则

① 签约双方必须具备签约资格，手续健全齐备。

② 代理人超越代理人权限签订的工程合同无效。

③ 签约的程序符合法律规定。

④ 签订的合同必须经过合同管理的授权机关鉴证、公证和登记等手续，对合同的真实性、可靠性、合法性进行审查，并给予确认，方能生效。

2. 施工合同签订的程序

（1）市场调查建立联系

① 施工企业对建筑市场进行调查研究。

② 追踪获取拟建项目的情况和信息，以及业主情况。

③ 当对某项工程有承包意向时，可进一步详细调查，并与业主取得联系。

（2）表明合作意愿投标报价

① 接到招标单位邀请或公开招标通告后，企业领导做出投标决策。

② 向招标单位提出投标申请书，表明投标意向。

③ 研究招标文件，着手具体投标报价工作。

（3）协商谈判

① 接受中标通知书后，组成包括项目经理在内的谈判小组，依据招标文件和中标书草拟合同专用条款。

② 与发包人就工程项目具体问题进行实质性谈判。

③ 通过协商达成一致，确立双方具体权利与义务，形成合同条款。

④ 参照施工合同示范文本和发包人拟定的合同条件与发包人订立施工合同。

（4）签署书面合同

① 施工合同应采用书面形式的合同文本。

② 合同使用的文字要经双方确定，用两种以上语言的合同文本，需注明几种文本是否具有同等法律效力。

③ 合同内容要详尽具体，责任义务要明确，条款应严密完整，文字表达应准确规范。

④ 确认甲方，即业主或委托代理人的法人资格或代理权限。

⑤ 施工企业经理或委托代理人代表承包方与甲方共同签署施工合同。

（5）签证与公证

① 合同签署后，必须在合同规定的时限内完成履约保函、预付款保函、有关保险等保证手续。

② 送交工商行政管理部门对合同进行签证并缴纳印花税。

③ 送交公证处对合同进行公证。

④ 经过鉴证、公证，确认了合同真实性、可靠性、合法性后，合同发生法律效力，并受法律保护。

3. 施工合同签订的形式

《中华人民共和国合同法》第 10 条规定："当事人订立合同，有书面合同、口头形式和其他形式。法律、行政法规规定采用书面形式的，应当采用书面形式。当事人约定采用书面形式的应当采用书面形式"。书面形式是指合同书、信件和数据电文（包括电报、电传、传真、电子数据交换和电子邮件）等可以有形地表现所载内容的形式。

《中华人民共和国合同法》第 270 条规定："工程施工合同应当采用书面形式"。主要是由于施工合同涉及面广、内容复杂、建设周期长、标的金额大。

三、施工合同的审查与分析

施工合同审查，是指在施工合同签订以前，将合同文本"解剖"开来，检查合同结构和内容的完整性以及条款之间的一致性，分析评价每一合同条款执行的法律后果及其中的隐含风险，为施工合同的谈判和签订提供决策依据。

1. 施工合同效力审查与分析

合同效力是指合同依法成立所具有的约束力。对电气工程施工合同效力的审查，基本上从合同主体、客体、内容三方面加以考虑。结合实际情况，有以下五种合同无效的情况。

（1）没有经营资格而签订的合同。

（2）缺少相应资质而签订的合同。

（3）违反法定程序而订立的合同。

（4）违反关于分包和转包的规定所签订的合同。

（5）其他违反法律和行政法规所订立的合同。

2. 施工合同内容审查与分析

合同条款的内容直接关系到合同双方的权利和义务，在施工合同签订之前，应当严格审查各项合同内容，其中要特别注意的有以下六项内容。

（1）确定合理的工期。

（2）明确双方代表的权限。

（3）明确工程造价或工程造价的计算方法。

（4）明确材料和设备的供应。

（5）明确工程竣工交付使用。

（6）明确违约责任。

相关知识

无效合同

无效合同是指虽经当事人协商签订，但因其不具备或违反法定条件，国家法律规定不承认其效力的合同。其法律特征为：违法性、不履行性、无效合同自始无效以及国家干预原则。

《中华人民共和国合同法》规定有下列五种情形之一的，合同无效。

（1）一方以欺诈、胁迫的手段签订合同，损害国家利益。

（2）恶性串通，损害国家、集体或者第三人利益。

（3）以合法形式掩盖非法目的。

（4）损害社会公共利益。

（5）违反法律、行政法规的强制性规定。

在司法实践中，当事人签订的下列合同也属无效合同。

（1）无法人资格且不具有独立生产经营资格的当事人签订的合同。

（2）无行为能力人签订的或者限制行为能力人依法不能签订合同时所签订的合同。

（3）代理人超越代理权限签订的合同或以被代理人名义同自己或同自己所代理的其他人签订的合同。

（4）盗用他人名义签订的合同。

（5）因重大误解订立的合同。

（6）一方以欺诈、胁迫的手段或者乘人之危，使对方在违背真实意愿的情况下订立的合同。

对于第（5）、（6）两种情形，根据《中华人民共和国合同法》的规定，受损方有权请求人民法院或者仲裁机构撤销合同即使合同无效，但当事人请求变更的，人民法院或仲裁机构不得撤销。

第 3 节　施工合同的履行

要　点

施工合同的履行，是指当事人双方按照合同规定的标的、数量和质量、价款或酬金、履行期限、履行地点和履行方式等，全面地完成各自承担的义务。

本节侧重介绍施工合同履行的方式、履行施工合同应遵守的规定及电气工程施工合同履行的问题处理。

解　释

一、施工合同履行的方式

施工合同履行的方式指的是债务人履行债务的方法。合同采取何种方式履行，与当事人有着直接的利害关系，因而，在法律有规定或者双方有约定的情况下，应严格按照法定的或约定的方式履行。没有法定或约定，或约定不明确的，应当根据合同的性质和内容，按照有利于实现合同目的的方式履行。

电气施工合同的履行方式主要有以下三种。

（1）分期履行　是指当事人一方或双方不在同一时间和地点以整体的方式履行完毕全部约定义务的行为，是相对于一次性履行而言的，如果一方不按约定履行某一期次的义务，则对方有权请求违约方承担该期次的违约责任；如果对方也是分期履行的，且没有履行先后次序，一方不履行某一期次义务，对方可作为抗辩理由，也不履行相应的义务。分期履行的义务，不履行其中某一期次的义务时，对方是否可以解除合同，这需要根据该一期次的义务对整个合同履行的地位和影响来区别对待。一般情况下，不履行某一期次的义务，对方不能因此解除全部合同，如发包方未按约定支付某一期工程款的违约金，承包方只可主张延期交付工程项目，却不能解除合同。但是不履行的期次具备了法定解除条件，则允许解除合同。

（2）部分履行　是根据合同义务在履行期届满后的履行范围及满足程度而言的。履行期届满，全部义务得以履行为全部履行，但是其中一部分义务得以履行的，为部分履行。部分履行同时意味着部分不履行。在时间上适用的是到期履行。履行期限表明义务履行的时间界限，是适当履行的基本标志，作为一个规则，债权人在履行期届满后有权要求其权利得到全部满足，对于到期合同，债权人有权拒绝部分履行。

（3）提前履行　是债务人在合同约定的履行期限截止以前就向债权人履行给付义务的行为。在多数情况下，提前履行债务对债权人是有利的。但在特定情况下提前履行也可能构成对债权人的不利，如可能使债权人的仓储费用增加，对鲜活产品的提前履行，可能增加债权人的风险等。因此债权人可能拒绝受领债务人提前履行，但若合同的提前履行对债权人有利，债权人则应当接受提前履行。提前履行可视为对合同履行期限的变更。

二、履行施工合同应遵守的规定

电气工程施工项目合同履行的主体是项目经理和项目经理部。项目经理部必须从施工项目的施工准备、施工、竣工至维修期结束的全过程中，认真履行施工合同，实行动态管理，跟踪收集、整理、分析合同履行中的信息，合理、及时地进行调整。还应对合同履行进行预测，及早提出和解决影响合同履行的问题，以避免或减少风险。

1. 项目部经理履行施工合同应遵守的规定

（1）必须遵守《中华人民共和国合同法》、《中华人民共和国建筑法》规定的各项合同履行原则和规则。

（2）在行驶权利、履行义务时应当遵循诚实信用原则和坚持全面履行的原则。

（3）项目经理由企业授权负责组织施工合同的履行，并依据《中华人民共和国合同法》规定，与发包人或监理工程师打交道，进行合同的变更、索赔、转让和终止等工作。

（4）如果发生不可抗力致使合同不能履行或不能完全履行时，应及时向企业报告，并在委托权限内依法及时进行设置。

（5）遵守合同对约定不明条款、价格发生变化的履行规则，以及合同履行担保规则和抗辩权、代位权、撤销权的规则。

（6）承包人按专用条款的约定分包所承担的部分工程，并与分包单位签订分包合同。非经发包人同意，承包人不得将承包工程的任何部分分包。

（7）承包人不得将其承包的全部工程倒手转给他人承包，也不得将全部工程以分包的名义分别转包给他人，这是违法行为。电气工程转包是指：承包人不行使承包人的管理职能，不承担技术经济责任，将其承包的全部工程或将其分解以后以分包的名义分别转包给他人；或将电气工程的主要部分或群体工程的半数以上的单位工程倒手转给其他施工单位；以及分包人将承包的工程再次分包给其他施工单位，从中提取回扣的行为。

2. 项目经理部履行施工合同应做的工作

（1）应在施工合同履行前，针对电气工程的承包范围、质量标准和工期要求，承包人的义务和权利，工程款的结算、支付方式与条件，合同变更、不可抗力影响、物价上涨、工程中止、第三方损害等问题产生时的处理原则和责任承担，争议的解决方法等重要问题进行合同分析，对合同内容、风险、重点或关键性问题做出特别说明和提示，向各职能部门人员交底，落实根据电气工程施工合同确定的目标，依据电气工程施工合同指导工程实施和项目管理工作。

（2）组织施工力量，签订分包合同；研究熟悉设计图纸及有关文件资料，多方筹集足够的流动资金；编制施工组织设计，进度计划，工程结算付款计划等，做好施工准备，按时进入现场，按期开工。

（3）制定科学的周密的材料、设备采购计划，采购符合质量标准的价格低廉的材料、设备，按施工进度计划及时进入现场，搞好供应和管理工作，保证顺利施工。

（4）按设计图纸、技术规范和规程组织施工；做好施工记录，按时报送各类报表；进行各种有关的现场或实验室抽检测试，保存好原始资料；制定各种有效措施，采取先进的管理方法，全面保证施工质量达到合同要求。

（5）按期竣工，试运行，通过质量检验，交付发包人，收回工程价款。

（6）按合同规定，做好责任期内的维修、保修和质量回访工作。对属于承包方责任的电气工程质量问题，应负责无偿修理。

（7）履行合同中关于接受监理工程师监督的规定，如有关计划、建议必须经监理工程师审核批准后方可实施；有些工序必须监理工程师监督执行，所做记录或报表要得到其签字确认；根据监理工程师要求报送各类报表、办理各类手续；执行监理工师的指令，接受一定范围内的工程变更要求等。承包商在履行合同中还要自觉地接受公证机关、银行的监督。

（8）项目经理部在履行合同期间，应注意收集、记录对方当事人违约事实的证据，即对发包方或发包人履行合同进行监督，作为索赔的依据。

三、电气工程施工合同履行的问题处理

1. 合同变更

合同变更是指依法对原来合同进行的修改和补充，即在履行合同项目的过程中，由于实施条件或相关因素的变化，而不得不对原合同的某些条款做出修改、订正、删除或补充。合同变更一经成立，原合同中的相应条款就应解除。

（1）合同变更的起因　电气工程，合同变更的次数、范围和影响的大小与该工程招标文件（特别是合同条件）的完备性、技术设计的正确性，以及实施方案和实施计划的科学性直接相关。合同变更一般主要有以下几方面的原因。

① 发包人有新的意图，发包人修改项目总计划，削减预算，发包人要求变化。

② 由于是设计人员、工程师、承包商事先没能很好地理解发包人的意图，或设计的错误，导致的图纸修改。

③ 电气工程施工环境的变化，预定的工程条件改变原设计、实施方案或实施计划，或由于发包人指令及发包人责任的原因造成承包商施工方案的变更。

④ 由于产生新的技术和知识，有必要改变原设计、实施方案或实施计划，或由于发包人指令、发包人的原因造成承包商施工方案的变更。

⑤ 由于合同实施出现问题，必须调整合同目标，或修改合同条款。

⑥ 合同双方当事人由于倒闭或其他原因转让合同，造成合同当事人的变化。这种情况通常比较少。

（2）合同变更的原则

① 合同双方都必须遵守合同变更程序，依法进行，任何一方都不得单方面擅自更改合同条款。

② 合同变更要经过有关专家（监理工程师、设计工程师、现场工程师等）的科学论证和合同双方的协商。在合同变更具有合理性、可行性，而且由此而引起的进度和费用变化得到确认和落实的情况下方可实行。

③ 合同变更的次数应尽量减少，变更的时间也应尽量提前，并在事件发生后的一定时限内提出，以避免或减少给电气工程项目建设带来的影响和损失。

④ 合同变更应以监理工程师、发包人和承包商共同签署的合同变更书面指令为准，并以此作为结算工程价款的凭证。紧急情况下，监理工程师的口头通知也可接受，但必须在48小时内，追补合同变更书。承包人对合同变更若有不同意见可在7～10天内书面提出，但发包人决定继续执行的指令，承包商应继续执行。

⑤ 合同变更所造成的损失，除依法可以免除的责任外，如由于设计错误，设计所依据的条件与实际不符，图与说明不一致，施工图有遗漏或错误等，应由责任方负责赔偿。

（3）合同变更的程序　程序示意图见图 8-1。

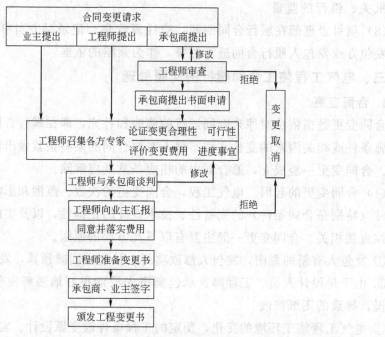

图 8-1　合同变更程序示意

2. 合同解除

（1）合同解除的方法

① 约定解除。是当事人通过行使约定的解除权或者双方协商决定而进行的合同解除。当事人协商一致可以解除合同，即合同的协商解除。当事人也可以约定一方解除合同的条件，解除合同条件成熟时，解除权人可以解除合同，即合同约定解除权的解除。

合同的这两种约定解除有很大的不同。合同的协商解除一般是合同已开始履行后进行的约定，且必然导致合同的解除；而合同约定解除权的解除则是合同履行前的约定，它不一定导致合同的真正解除，因为解除合同的条件不一定成立。

② 法定解除。是解除条件直接由法律规定的合同解除。当法律规定的解除条件具备时，当事人可以解除合同。它与合同约定解除权的解除都是具备一定解除条件时，由一方行使解除权；区别则在于解除条件的来源不同。

（2）合同解除的条件　合同成立后，对双方当事人均具有法律约束力，双方应认真履行。有下列情形之一的当事人可以解除合同。

① 因不可抗力致使不能实现合同目的。

② 在履行期限满之前，当事人一方明确表示或者以自己的行为表明不履行主要债务。

③ 当事人一方迟延履行主要债务，经催告后在合理期限内仍未履行。

④ 当事人一方迟延履行债务或者有其他违约行为致使不能实现合同目的。

⑤ 法律规定的其他情形。

≈ **相关知识** ≈

电气工程施工合同管理应注意的问题

(1) 因为合同是电气工程的核心，所以必须弄清合同中的每一项内容。

(2) 考虑问题要灵活，管理工作要做在其他工作的前面。要积累电气施工中一切资料、数据和文件。

(3) 有效的合同管理能使妨碍双方关系的事件得到很好的解决，这需要我们具有灵活、敏捷的头脑。只有具备这种能力，才有信心排除另一方设置的困难。

(4) 应想办法把弥补电气工程损失的条款写到合同中，以减少风险。

(5) 有效的合同管理是管理而不是控制。

第4节 施工合同的违约责任与争议处理

≈ **要 点** ≈

施工合同中的违约责任与争议处理的问题对施工双方来讲，都是十分令人困惑和苦恼的。因此，本节重点介绍违约责任的分类、承担违约责任的方式、电气工程施工合同常见的争议与争议解决的方式。

≈ **解 释** ≈

一、违约责任的分类

1. 从承担责任的性质来分

(1) 违约责任　是指由合同当事人自己的过错造成合同不能履行或者不能完全履行，使对方的权利受到侵犯而应当承受的经济责任。

(2) 个人责任　是指个人由于失职、渎职或者其他违法行为造成合同不能履行或不能完全履行，并且造成重大事故或严重损失，依照法律应承担的经济责任、行政责任或刑事责任。

2. 从约定违约责任的角度来分

(1) 法定违约责任　法定违约责任是指当事人根据法律规定的具体数目或百分比所承担的违约责任。

(2) 约定违约责任　是指在现行法律中没有具体规定违约责任的情况下，合同当事人双方根据有关法律的基本原则和实际情况，共同确定的合同违约责任。当事人在约定违约责任时，应遵循合法和公平的原则。

(3) 法律和合同共同确定的违约责任　是指现行法律对违约责任只规定了一个浮动幅度（具体数目或百分比），然后由当事人双方在法定浮动范围之内，具体确定一个数目或百分比。

二、承担违约责任的方式

《中华人民共和国合同法》规定的违约责任主要有以下几种。

1. 违约金

违约金是指当事人因过错不履行或不完全履行经济合同，应付给对方当事人的，由法律规定或合同约定的一定数额的货币。违约金兼具补偿性和惩罚性。当事人约定的违约金应当在法律、法规允许的幅度、范围内；如果法律、法规未对违约金幅度作限定，约定违约金的数额一般以不超过合同未履行部分的价款总额为限。

违约金一般分为法定违约金和约定违约金。

2. 赔偿金

赔偿金是指当事人过错违约给对方造成损失，在没有规定违约金或违约金不足弥补损失时，支付的一定数额的货币。当事人一方违反经济合同的赔偿责任，应当相当于当事人。他方因此所受到的损失，包括财产的毁损、灭失、减少和为减少损失所发生的费用以及按照合同约定履行可以获得的利益。但违约一方的损失赔偿不得超过他订立合同时应当预见到的损失。法律、法规规定责任限额的，依照法律、法规的规定承担责任。当事人也可以在合同中约定因违约而产生的损失赔偿额的计算方法。

赔偿金应在明确责任后 10 天内偿付，否则按逾期付款处理。所谓明确责任，在实践中有两种情况：一是由双方自行协商明确各自的责任；二是由合同仲裁机关或人民法院明确责任。日期的计算，前者以双方达到协议之日起计算，后者以调解书送达之日起或裁决书、审判书生效之日起计算。

3. 继续履行

继续履行，是指由于当事人一方的过错造成违约事实发生，并向对方支付违约金或赔偿金之后，合同未经解除，而仍然不失去其法律效力，也即并不因违约人支付违约金或赔偿金而免除其继续履行合同的义务。合同的继续履行，既是实际履行原则的体现，也是一种违约责任，它可以实现双方当事人订立合同价要达到的实际目的。继续履行有如下限制。

（1）法律上或者事实上不能履行。如合同标的物成为国家禁止或限制物，标的物丧失、毁坏、转卖他人等情形后，使继续履行成为不必要或不可能。

（2）债务的标的不适于强制履行或者履行费用过高。

（3）债权人在合理期限内未要求履行的，债务人可以免除继续履行的责任。

4. 定金

定金是合同当事人一方为担保合同债权的实现而向另一方支付的金钱。定金具有如下特征。

（1）定金本质上是一种担保形式，其目的在于担保对方债权的实现。

（2）定金是在合同履行前由一方支付给另一方的金钱。

（3）定金的成立不仅需有双方当事人的合意，而且应有定金的现实交付，具有实践性。定金的有效以主合同的有效成立为前提，主合同无效时，定金合同也无效。

定金作为合同成立的证明和履行的保证，在合同履行后，应将定金收回或者抵作价款。给付定金的一方不履行约定债务的，无权要求返还定金；收受定金的一方不履行约定债务的，应当双倍返还定金。

当事人既约定违约金，又约定定金的，一方违约时，对方可以选择适用违约金或定金条款。但是这两种违约责任不能合并使用。

5. 采取补救措施

补救措施主要是指《中华人民共和国民法通则》和《中华人民共和国合同法》中所确定的，在当事人违反合同的事实发生后，为防止损失发生或者扩大，而由违反合同一方依照法律规定或者约定采取的修理、更换、重新制作、退货、减少价格或者报酬等措施，以给权利人弥补或者挽回损失的责任形式。补救措施应是继续履行合同、质量救济、赔偿损失等之外的法定救济措施。电气工程合同中，采取补救措施是施工单位承担违约责任常用的方法。

三、电气工程施工合同常见的争议

1. 施工工程进度款支付、竣工结算及审价争议

尽管合同中已列出了工程量，约定了合同价款，但实际施工中会有很多变化，包括设计变更，现场工程师签发的变更指令，现场条件变化如地质、地形等，以及计量方法等引起的工程数量的增减。这种工程量的变化几乎每天或每月都会发生，而且承包商通常在其每月申请工程进度付款报表中列出，希望得到（额外）付款，但常因与现场监理工程师有不同意见而遭拒绝或者拖延不决。

在整个施工过程中，发包人在按进度支付工程款时往往会根据监理工程师的意见，扣除那些他们未予确认的工程量或存在质量问题的已完施工工程的应付款项，这种未付款项累积起来往往可能形成一笔很大的金额，使承包商感到无法承受而引起争议，而且这类争议在电气工程施工的中后期可能会越来越严重。承包商会认为由于未得到足够的应付工程款而不得不将工程进度放慢下来，而发包人则会认为在施工工程进度拖延的情况下更不能多支付给承包商任何款项，这就会形成恶性循环而使争端愈演愈烈。

更主要的是，大量的发包人在资金尚未落实的情况下就开始施工工程的建设，致使发包人千方百计要求承包商垫资施工，不支付预付款，尽量拖延支付进度款，拖延工程结算及工程审价进程，导致承包商的权益得不到保障，最终引起争议。

2. 安全损害赔偿争议

安全损害赔偿争议包括相邻关系纠纷引发的损害赔偿，设备安全、施工人员安全、施工导致第三人安全、施工工程本身发生安全事故等方面的争议。其中，施工工程相邻关系纠纷发生的频率已越来越高，其牵涉主体和财产价值也越来越多，已成为城市居民十分关心的问题。《中华人民共和国建筑法》第三十九条为建筑施工企业设定了这样的义务："施工现场对毗邻的建筑物、构筑物和特殊作业环境可能造成损害的，建筑施工企业应当采取安全防护措施"。

3. 电气工程价款支付主体争议

施工企业被拖欠巨额工程款已成为整个建设领域中屡见不鲜的事情。往往出现工程的发包人并非工程真正的建设单位或工程的权利人。在该种情况下，发包人通常不具备工程价款的支付能力，施工单位该向谁主张权利，以维护其合法权益会成为争议的焦点。此时，施工企业应理顺关系，寻找突破口，向真正的发包方主张权利，以保证合法权利不受侵害。

4. 施工工程工期拖延争议

施工工程的工期延误，往往是由于错综复杂的原因造成的。在许多合同条件中都约定了竣工逾期违约金。由于工期延误的原因可能是多方面的，要分清各方的责任往往十分困难。经常可以看到，发包人要求承包商承担工程竣工逾期的违约责任，而承包商则提出因诸多发包人的原因及不可抗力等工期应相应顺延的理由，有时承包商还就工期的延长要求发包人承担停工、窝工的费用。

5. 合同中止及终止争议

中止合同造成的争议有：承包商因这种中止造成的损失严重而得不到足够的补偿，发包人对承包商提出的就终止合同的补偿费用计算持有异议，承包商因设计错误或发包人拖欠应支付的工程款而造成困难提出中止合同，发包人不承认承包商提出的中止合同的理由，也不同意承包商的责难及其补偿要求等。

除非不可抗拒力外，任何终止合同的争议往往是难以调和的矛盾造成的。终止合同一般都会给某一方或者双方造成严重的损害。如何合理处置终止合同后双方的权利和义务，往往是这类争议的焦点。终止合同可能有以下几种情况。

（1）属于承包商责任引起的终止合同。

（2）属于发包人责任引起的终止合同。

（3）不属于任何一方责任引起的终止合同。

（4）任何一方由于自身需要而终止合同。

6. 电气工程质量及保修争议

质量方面的争议包括电气施工工程中所用材料不符合合同约定的技术标准要求，提供的设备性能和规格不符，或者不能生产出合同规定的合格产品，或者是通过性能试验不能达到规定的质量要求，施工和安装有严重缺陷等。这类质量争议在施工过程中主要表现为，工程师或发包人要求拆除和移走不合格材料，或者返工重做，或者修理后予以降价处置。对于设备质量问题，则常见于在调试和性能试验后，发包人不同意验收移交，要求更换设备或部件，甚至退货并赔偿经济损失。而承包商则认为缺陷是可以改正的，或者业已改正；对生产设备质量则认为是性能测试方法错误，或者制造产品所投入的原料不合格或者是操作方面的问题等，质量争议往往变成为责任问题争议。

此外，在保修期的缺陷修复问题往往是发包人和承包商争议的焦点，特别是发包人要求承包商修复工程缺陷而承包商拖延修复，或发包人未经通知承包商就自行委托第三方对工程缺陷进行修复。在此情况下，发包人要在预留的保修金扣除相应的修复费用，承包商则主张产生缺陷的原因不在承包商或发包人未履行通知义务，且其修复费用未经其确认而不予同意。

四、电气工程施工合同争议解决的方式

电气工程施工合同争议解决的方式主要有和解、调解、仲裁、诉讼以及其他方式。

（1）和解　指争议的合同当事人，依据有关法律规定或合同约定，以合法、自愿、平等为原则，在互谅互让的基础上，经过谈判和磋商，自愿对争议事项达成协议，从而解决分歧和矛盾的一种方法。和解方式无需第三者介入，简便易行，能及时解决争议，避免当事人经济损失扩大，有利于双方的协作和合同的继续履行。

（2）调解　指争议的合同当事人，在第三方的主持下，通过其劝说引导，以合法、自愿、平等为原则，在分清是非的基础上，自愿达成协议，以解决合同争议的一种方法。调解有民间调解、仲裁机构调解和法庭调解三种。调解协议书对当事人具有与合同一样的法律约束力。运用调解方式解决争议，双方不伤和气，有利于今后继续履行合同。

（3）仲裁　也称公断，是双方当事人通过协议自愿将争议提交第三者（仲裁机构）做出裁决，并负有履行裁决义务的一种解决争议的方式。仲裁包括国内仲裁和国际仲裁。仲裁需经双方同意并约定具体的仲裁委员会。仲裁可以不公开审理从而保守当事人的商业秘密，节省费用，一般不会影响双方日后的正常交往。

（4）诉讼　指合同当事人相互间发生争议后，只要不存在有效的仲裁协议，任何一方向有管辖权的法院起诉并在其主持下，为维护自己的合法权益的活动。通过诉讼，当事人的权利可得到法律的严格保护。

（5）其他方式　除了上述四种主要的合同争议解决方式外，在国际工程承包中，又出现了一些新的有效的解决方式，正在被广泛应用。在此不作一一介绍。

☙ 相关知识 ❧

处理电气工程施工合同争议应注意的问题

1. 有理、有礼、有节，争取协商调解

电气工程施工合同争议情况复杂，专业问题多，有许多争议法律无法明确规定，往往造成主审法官难以判断、无所适从。因此，要深入研究案情和对策，处理争议要有理、有礼、有节，能采取协商、调解，甚至争议评审方式解决争议的，尽量不采用仲裁或诉讼方式。

2. 重视诉讼、仲裁时效，及时主张权利

诉讼时效是指权利人在法定提起诉讼的期限内如不主张其权利，即丧失请求法院依诉讼程序强制债务人履行债务的权利。

仲裁时效是指当事人在法定申请仲裁的期限内没有将其纠纷提交仲裁机关进行仲裁的，即丧失请求仲裁机关保护其权利的权利。

（1）关于仲裁时效期间和诉讼时效期间的计算问题。追索工程款、勘探费、设计费，仲裁时效和诉讼时效均为两年，从工程竣工之日起计算。双方对付款时间有约定的，从约定的付款期限届满之日起计算。

电气工程因建设单位的原因中途停工的，仲裁时效和诉讼时效应当从工程停工之日起计算。

电气工程竣工或工程中途停工，施工单位应当积极主张权利。实践中，施工单位提出工程竣工结算报告或对停工工程提出中间工程竣工结算报告，是施工单位主张权利的基本方式，可引起诉讼时效的中断。

追索材料款、劳务款，仲裁时效和诉讼时效为两年，从双方约定的付款期限届满之日起计算；没有约定期限的，从购方验收之日起计算，或从劳务工作完成之日起计算。

出售质量不合格的产品未声明的，仲裁时效和诉讼时效均为一年，从商品售出之日起计算。

(2) 适用时效规定，及时主张自身权利的具体做法。根据《中华人民共和国民法通则》的规定，诉讼时效因提起诉讼、债权人提出要求或债务人同意履行债务而中断。从中断时起，诉讼时效重新计算。因此，对于债权，具备申请仲裁或提起诉讼条件的，应在诉讼时效的期限内提请仲裁或提起诉讼。尚不具备条件的，应设法引起诉讼时效中断。

3. 全面收集证据，确保客观充分

收集证据是一项十分重要的准备工作，根据法律规定和司法实践，收集证据应当遵守以下五方面的要求。

(1) 收集证据前，应当认真研究已有材料，分析案情，并在此基础上制定收集证据的计划、确定收集证据的方向、调查的范围和对象、应当采取的步骤和方法，同时还应考虑到可能遇到的问题和困难，以及解决问题和克服困难的办法等。

(2) 收集证据的程序和方式必须符合法律规定。

(3) 收集证据必须客观、全面。

(4) 收集证据必须深入、细致。

(5) 收集证据必须积极主动、迅速。

4. 摸清财务状况，做好财产安全

调查债务人财产的范围包括以下几项。

(1) 固定资产，如房地产、机器设备等，尽可能查明其数量、质量、价值，是否抵押等具体情况。

(2) 开户行、账号、流动资金的数额等情况。

(3) 有价证券的种类、数额等情况。

(4) 债权情况，包括债权的种类、数额、到期日等。

(5) 对外投资情况（如与他人合股、合伙创办经济实体），应了解其股权种类、数额等。

(6) 债务情况。债务人是否对他人尚有债务未予清偿，以及债务数额、清偿期限的长短等，都会影响到债权人实现债权的可能性。

(7) 此外，如果债务人是企业的，还应调查其注册资金与实际投入资金的具体情况，两者之间是否存在差额，以便确定是否请求该企业的开办人对该企业的债务在一定范围内承担清偿责任。

5. 聘请专业律师，尽早进入争议处理

施工单位不论是否有自己的法律机构，当遇到案情复杂难以准确判断的争议，应当尽早聘请专业律师，避免走弯路。

参 考 文 献

[1] 中华人民共和国住房和城乡建设部. 建设工程工程量清单计价规范 GB 50500—2013 [S]. 北京：中国计划出版社，2013.

[2] 建设部标准定额研究所. 《建设工程工程量清单计价规范 GB 50500—2013》宣贯辅导教材 [M]. 北京：中国计划出版社，2013.

[3] 原电力工业部，黑龙江省建设委员会. 全国统一安装工程预算定额：第 2 册 电气设备安装工程 GYD-202—2000 [S]. 第 2 版. 北京：中国计划出版社，2001.

[4] 姬晓辉，程鸿群等. 工程造价管理 [M]. 武汉：武汉大学出版社，2004.

[5] 李作富，李德兴. 电气设备安装工程预算知识问答 [M]. 北京：机械工业出版社，2004.

[6] 刘庆山. 建筑安装工程预算 [M]. 第 2 版. 北京：机械工业出版社，2004.

[7] 吴心伦. 安装工程定额与预算 [M]. 重庆：重庆大学出版社，2002.

[8] 韩永学. 建筑电气工程概预算 [M]. 哈尔滨：哈尔滨工业大学出版社，2002.

[9] 孙宏斌. 招投标与合同管理 [M]. 武汉：华中科技大学出版社，2008.

[10] 刘匀，金瑞珺. 工程概预算与招投标 [M]. 上海：同济大学出版社，2007.

[11] 马楠. 建筑工程预算与报价 [M]. 北京：科学出版社，2005.

[12] 郭婧娟. 工程造价管理 [M]. 北京：清华大学出版社，2005.

[13] 王斌霞. 工程造价计价与控制原理 [M]. 郑州：黄河水利出版社，2004.

[14] 中国民主法制出版社. 中华人民共和国招标投标法 [M]. 北京：中国民主法制出版社，2001.

[15] 国务院法制办公室. 中华人民共和国合同法 [M]. 第 2 版. 北京：中国法制出版社，2008.